蓝柳纹样瓷器餐盘。劳里·A.威尔基供图

"脱欧"蓝柳纹样。劳里·A.威尔基供图

漂移物质，挪威斯瓦尔霍尔特。佩拉·佩图尔斯多蒂尔与英加尔·菲根施乌（Tora Petursdottir and Ingar Figenschau）供图

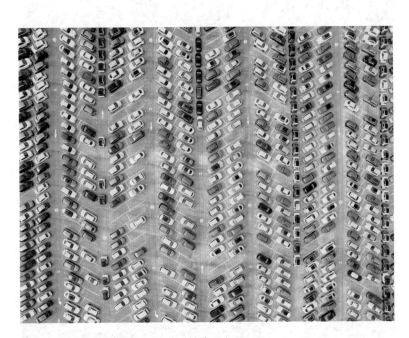

停车场鸟瞰图。奥尔邦·阿里拍摄,盖蒂图片社

长岛港鸟瞰图。卡梅伦·戴维森拍摄，盖蒂图片社

中国香港的住宅建筑。照片来源：尼卡德拍摄，盖蒂图片社

1968年左右，计算器上18×16磁芯存储单元，内嵌四个小圆盘。每个手工编织的铁氧体环可以被赋予一个电荷（或没有），用1或0代表，代表一个单独的数据位。照片来源：皮克斯贝

DKE38接收机。照片来源："创设公用许可证基金会"会员，"德国国家广播"

加利福尼亚州阿拉米达的马特森安西纳尔码头。保罗·格雷夫斯－布朗供图

IBM PC 5150。照片来源：鲁本·德·瑞克

1992年福特金牛座的杯架。莱斯·乔根森拍摄/LIFE图片集，盖蒂图片社

《阿黛尔·布洛赫-鲍尔肖像》，古斯塔夫·克里姆特（1862—1918）。1907年。布面油画，1.38米×1.38米，贝尔维德雷博物馆，维也纳。照片来源：克里斯托夫艺术摄影，盖蒂图片社

明尼阿波利斯的南戴尔购物中心于1957年开业，水景和室内公共空间为其增色不少，在随后的40年里，它一直是这一区域最重要的购物中心。照片来源：盖伊·吉列拍摄，盖蒂图片社

CENTRAL PARK, THE DRIVE.

1862年，柯里尔和艾夫斯将中央公园视为理想的天然绿洲，仅供纽约上层社会的白种人享用。照片来源：阿皮克拍摄，盖蒂图片社

大约在1906年，查尔斯·哈里森·汤森描绘了英格兰赫特福德郡的莱奇沃斯花园城市的一座住宅。照片来源：印刷物收集者，盖蒂图片社

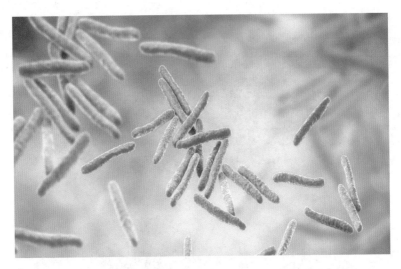

肺结核细菌。照片来源：卡特琳娜·科恩拍摄/科学图片库，盖蒂图片社

在莫里斯家族故居挖掘中发现的叉子状发夹。安纳莉丝·莫里斯供图

透过器物看历史

⑥现代

[英]丹·希克斯 [英]威廉·怀特◎主编
[英]劳里·A.威尔基 [英]约翰·M.切诺韦思◎编 曹盈 王善江◎译

中国画报出版社·北京

图书在版编目（CIP）数据

透过器物看历史. 6，现代 / （英）丹·希克斯，
（英）威廉·怀特主编；（英）劳里·A.威尔基，（英）约
翰·M.切诺韦思编；曹盈，王善江译. -- 北京：中国
画报出版社，2024.8
　　书名原文：A Cultural History of Objects in the
Modern Age
　　ISBN 978-7-5146-2339-0

　　Ⅰ.①透… Ⅱ.①丹… ②威… ③劳… ④约… ⑤曹
… ⑥王… Ⅲ.①日用品—历史—世界—现代 Ⅳ.
①TS976.8

中国国家版本馆CIP数据核字（2023）第230161号

透过器物看历史　6　现代

［英］丹·希克斯　　　［英］威廉·怀特　主编
［英］劳里·A.威尔基　约翰·M.切诺韦思　编　　曹盈　王善江　译

出 版 人：方允仲
项目统筹：许晓善
责任编辑：程新蕾
审　　校：崔学森
装帧设计：同鸣设计
内文排版：郭廷欢
责任印制：焦　洋

出版发行：中国画报出版社
地　　址：中国北京市海淀区车公庄西路33号　邮编：100048
发 行 部：010-88417418　010-68414683（传真）
总编室兼传真：010-88417359　版权部：010-88417359

开　　本：16开（710mm×1000mm）
印　　张：19
字　　数：200千字
版　　次：2024年8月第1版　2024年8月第1次印刷
印　　刷：三河市金兆印刷装订有限公司
书　　号：ISBN 978-7-5146-2339-0
定　　价：438.00元（全六册）

目录

导言

劳里·A.威尔基 约翰·M.切诺韦思

考古新时代的曙光

　　1907年，在比利时出生的化学家利奥·贝克兰（Leo Baekeland）成功地将苯酚甲醛转化为第一种真正的合成塑料。这种苯酚树脂就是众所周知的电木。此前，天然塑料，如兽角、树脂和橡胶，已经广为使用。19世纪下半叶，人们尝试了一系列由植物制成的半合成塑料，虽然前景广阔，但实验效果极不稳定。贝克兰的产品之所以与众不同，在于它完全是人工合成的。其产品不是天然材料加工而成，也不是对矿石的提取淬炼，而是由分子合成的新型材料。19世纪初，C. J. 汤姆森（C. J. Thomsen）从材料视角，梳理了人类技术史——从石器到青铜，再到铁器。而贝克兰则让人类看到了一个新时代（合成聚合物时代）的曙光。

　　如果一系列其他创新技术与地缘政治环境无法相融，那么贝克兰以及那些继续开发该领域的人将止步不前。在制造领域，全自动玻璃吹制机于1903年诞生。1904年，人们开发出全自动装罐机。成型技术可以很容易应用于塑料生产。同样地，19世纪末，燃气内燃机发展态势良好，然后在20世纪广为公众所使用。这推动了更廉价的石油开采和精炼技术的发展。廉价的石油快速拓展了电木等聚合物合成材料的应用范围。两次世界大战加速了对聚合物研究和军需应用发展的投资。到20世纪50年代，聚合物塑料方兴未艾。它的使用无处不在，包括建筑、家具、织物、商业容器、餐具、玩具和装饰品。

此后，这种神奇材料以惊人的方式改变了世界。20世纪末，塑料经常被用于重建人体，包括假肢、植入物和助听器。这些都含有聚合物成分。人工和天然制品的界限变得日益模糊。缓慢的分解速度孕生了巨型塑料垃圾场，尤其是那些漂浮在全球海洋上的塑料垃圾浮筏。有时，这些浮筏近似于冰河时代的大陆桥，能让沿海物种在大陆间穿行：2012—2017年，近300种海洋动物借助塑料箱等物体从日本漂洋过海登陆北美。塑料分子分解速度缓慢，并带有不同程度的化学毒性。它们通过水、空气和食物进入生物体。活体组织中的塑料颗粒造成了炎症、肺部和肠道问题。

20世纪是人类历史的新篇章，科技迅猛发展，人类加速了"人定胜天"的征程。这个时代不再关注事物的简单运行抑或是零散的个体或器物。相反，物质/非物质、人类/非人类、自然/人工、客观/主观的二元分类方式已经不再是组织一个人类、非人类和物质卷入复杂历史和地理环境的世界的可以为人接受的分类方式。

20世纪的发明精彩纷呈。其他器物的发明与塑料史如出一辙。除了"合成聚合物时代"，20世纪还被冠以"核时代""晶体管时代"空间时代""加工食品时代"等名号。在这个时代,批量生产的模制产品风靡一时,人们已很难再用一种简单的词汇为它冠名。

现代卷的重要性

"透过器物看历史"系列丛书探索了西方世界从古至今的器物史。各卷作者见解独到,阐释了人类历史如何塑造器物以及器物如何改变人类历史。本卷属于该系列的末卷,这一卷讲述的是我们的故事、我们的时代。这是一本关于我们的世界、我们的时代的书。我们研究的对象是"我们"——我们的曾祖父母、祖父母、父母、我们自己、我们的孩子、我们的孙辈、我们的后人——这是我们缔造的时代。这些是我们的"事物"。这些事物充实我们的生活并延续着我们的生命。这些事物注定让我们某些人穷困潦倒,某些人尽享荣华。我们依附这些事物来顺应、抗争、创造周围的世界。即使是最平凡的事物也可能会危机四伏。

本卷开放式的结束时间点使研究更令人信服。续写这个故事的笔就握在我们手里,这个故事会如何结局,是如歌如泣、石破天惊抑或是苦苦挣扎?或许,这个时代的结局如同它的开始一样,人们会重燃希冀和进取之炬,不再是帝国主义的白日梦,而是成熟睿智,继往开来,兼收并蓄,学以致用。迄今为止,从2019年的视角来看,希望渺茫。

在这个时代,人类生存状况的改善总是与人为造成的巨大苦难交织在一起,令人束手无策。正是在20世纪,作为一个物种,我们成功地逃离地球轨道,造访月球。人类开始探索太阳系乃至浩瀚的宇宙。这个过程衍生了一个人造空间碎片层。产生碎片的器物既能相互作用也能让彼此灰飞烟灭。试问，有史以来还有其他哪个时期的人类能在月球表面留下垃圾？与此同时，我们的技术迭代更新，人类不再是"望空兴叹"，而是运筹帷幄，转变了社会关系和对宇宙空间的认知，而在1901年，这一切根本无法想象。

在20世纪，人类完善了大规模屠杀的系统。虽然1918—1919年暴发的大流感杀伤力极强，但人类也毫不示弱，欧洲战场尸横遍野，世界大战血流成河，多少鲜活的生命转瞬即逝，多少家庭支离破碎，多少民族遭遇灭顶之灾。我们的技术威力无比，不仅能毁灭人类，也足以让地球上的任何生物销声匿迹。即便如此，这些技术仍被投入使用。在人类手中，最小的物体——一个原子，既可以成为能量的来源，也可以成为致命武器。

本卷所述的问题迫在眉睫，亟需解决，因为在人类历史上，人造或人类合成的物品从未产生如此颠覆性的影响。人类的影响如此之深远，以至于我们拓宽了矿物界的边界，合成了新的元素，缔造了新的生命体。就连人体部位也可脱离本体，用于器官互换、克隆或移植。生命的孕育也能在器物中完成。一个简单的培养皿就能让这种奇迹变得司空见惯。

现代人类在地球上刻下了深深的印记，以至于有些人称之为人类世（the Anthropocene）。这表明我们已经不可逆转地与地球的地质结构相融，以致开创了一个崭新的纪元。虽然一些考古学家认为早在1万年前人类就进入了人类世，但我们还是要谴责西方社会，而不是以更传统方式生活的人们。我们认同人类世始于1950年的说法，这呼应了人类世工作组（AWG）引用的世界工业化和人口增长中的"大加速"一词。然而，我们还是认为1907年，即开发第一个合成聚合物的那年，标志着人类世的开端。毕竟，聚合物和石油这对相互依赖的孪生兄弟，以及由它们引燃的战争，为"大加速"奠定了基础。

无论人类世从何日算起，这都是一场由第一世界造成的危机，并且让人类吃尽苦头。这是一场殖民主义、帝国主义、企业扩张（企业获得个人地位）以及种族化特权带来的危机。学者清（Tsing）称这是一个极其"动荡"的时期，现代性的盲目乐观和进步的想法让我们步入了处于毁灭中的世界。

这是一个对时间有自我意识的时代，时间可以被构建和解构，时间的本质在哲学和科学中被争论不休。这也是一个自恋的时代，一个沉迷于自身的时空位置、失败和成功的时代。我们喜欢给时代（原子时代、空间时代、计算机时代）和一代人（婴儿潮一代、X一代、Y一代、千禧一代）命名，我们可以对号入座，并构建跨代冲突和对立。作为现代性的产物和维多利亚时代分类冲动的继承者，我们对人、地方和事物进行了无休止的分类。

和西方其他时期一样，这个时代被天启式宗教的冥想过度塑造。中世纪的人们担心世界末日由上帝掌控，但在20世纪，人类不再依赖神的干预。现代世界的器物有能力无限地创造和重塑世界以及我们自己的身体。在我们生活的年代，我们可以严肃地讨论后人类世界和人工智能带来的威胁。

光线图像主宰着我们的世界：电视、显示器和手机屏幕把我们连在一起，没有这些物品，我们将无法互动交流。最基本的人际关系，例如亲属、朋友、约会对象都是通过电子设备来维系的。在全球范围内，我们在屏幕上看到的所有世界末日的悲剧都用来娱乐消遣，而不是用于教育警示。这些电子产品让我们相信我们生活在一个后真相世界，在这里人们可以肆意捏造事实，而我们依旧相信着社会构建的谎言，比如生物学上的"种族"或"性别"。

与此同时，人类肢体的外延也得到拓展。器物与人的关系变得如影随形。1985年，唐娜·哈拉维（Donna Haraway）撰写了《赛博格宣言》（*Cyborg Manifesto*）[1]，这是一篇女权主义评论。彼时，人们还无法知晓网络技术可能带来的分布式人格的概念（distributed personhood）[2]，更无法预见此文将引发的人类与非人类关系的热议。而如今，现代器物可以快速传播文字和图像。历史上，西方社会一直认为肢体与人密不可分，但是现代器物却改变了这种观念，身体数字化影像应运而生，人类实现了自我的无限延展。

能动性同样浸入了器物世界，虽悄然无声，却可能对人类生命构成直接的威胁，与其相比，人工智能产生的司空见惯的问题就是小巫见大巫了。人类创造并使用着器物。器物是发明者和使用者肢体的延展：人们用燧石叶片切割，用墓碑铭记逝者[参见本卷威特莫尔（Witmore）针对简单化"外化"模型的评论]。然而，现代器物延展了人类能动性，并已超出人类的掌控范围：冈萨雷斯－鲁伊巴

1　赛博格，即半人半机器生物。在《赛博格宣言》中，哈拉维呼吁运用技术将人类建构成赛博格，打破西方传统中"自然－文化""男性－女性"的固有区分，进而打破传统的西方白人资本主义父权制度，建立一种新的性别、阶级、种族的政治生态。——译者注

2　分布式人格的概念，是英国人类学家阿尔弗雷德·盖尔（Alfred Gell）提出来的。打个比方，假设一件艺术作品，当每个人看到它并产生思考的时候，无论是异议或是赞美，其实他们都拿走了这个作品的一部分人格。等于说是每个人从作品中拿走了一粒种子，然后种子会在思考的过程中开花，这基于每个人不同的想法和经历。——译者注

尔（González-Ruibal）笔下的战场到处充斥着杀人利器，杀伤力不仅是地域性的，而且是跨越时空的。直至今日，那些隐匿的利器还在悄无声息地屠杀战斗人员的子孙后代。人造器物虽然拥有不同于人类的生命形式，却也在以它们的方式影响着人类社会。

　　人类为了消弭暴力记忆，把原本独立存在的自然界也卷入其中。人们把暴行归咎于外力，撇清自己与杀人动因的关系。基于阿奇里·姆贝姆贝（Achille Mbembe）的"死亡政治"（necropolitics），杰森·德·雷昂（Jason De León）提出了死亡暴力（necroviolence）的概念。这一概念的提出进一步模糊了人类与器物，自然与文化，人、身体、器物与实施行为之间的界限。鉴于此，是时候审视到底什么才是道德沦丧的原因，是那些未引爆的炸弹，还是炸弹的制造者和使用者？是否会有那么一天，我们会因每日通勤的交通工具及长此以往带来的威胁而受到谴责？也许还有其他原因？

　　虽然本卷侧重于"西方"视角，但在20世纪，人、身体及器物的相互关联以及延伸使这个词汇变得复杂起来，因为殖民地的独立扭转了局面。与此同时，在重构后殖民社会和经济中，非政府组织和公司变得与传统的民族国家同等重要（更重要？）。

　　那么，人们如何应对20世纪之后物欲横流的器物世界呢？首先，要明确的是，本卷并没有妄自断言囊括了这个时期所有的文化器物。阿尔弗莱德·冈萨雷斯－鲁伊巴尔一针见血地指出这个时代是超现代的代名词。这是一个浮夸的"超现代"时期，其标识是异化和碎片化。正如某学者所言，在这个时代，进步已毫无意义。想在这个时代独占鳌头，我们就不能随遇而安。我们要打破平衡，挑战自我。这些章节不是以偏概全，而是理解20世纪物质器物的契机，视角包括个人、家庭、城市、国家或是全球。人类和器物以多种方式无可救药地纠缠交织，递归地创造彼此，相互关联。人类、非人类、环境和构成了整个世界的事物，纠缠不清，彼此交融。因此，与其他作者一样，我们设想了林林总总的方式，步入这一巨型网络。

尽管如此，我们还是要对这个纠缠不清、凌乱不堪、错综复杂的时代及其物质维度进行探究。引言部分将涉及以下内容：首先，我们要探究20世纪以来物质世界成为19世纪产物的路径。在基础设施、购物习惯、知识框架以及器物本身等方面，两个世纪之间存在着诸多关联。我们将审视长久以来一直影响这个时代的知识遗产。然而，如上所述，独特的物质特性使得这个时代有别于之前的所有时代。为了进一步说明这一点，我们聚焦象征19世纪的三种器物，并探究它们在20世纪的化身。这些器物折射了历史，其中，由表现形式、政治、哲学、经济、社会生活及历史交错而成的网络清晰可见。这是作者保罗·格雷夫斯－布朗（Paul Graves-Brown）的真知灼见。他的写作方式是恰当的。有鉴于此，我们对他既要致歉又要致谢。

其次，我们将概述当前物质世界研究的独特性，特别是过去和现在我们所占据的直接物质的研究难度。这是当代考古学考究的范畴。21世纪初出现的当代考古学是研究当代的一门学科。本卷的几位作者在这个新兴领域中占有举足轻重的地位。但是，从更广泛的层面来说，20世纪至今，尤其是20世纪下半叶是典型的知识时代。学术研究明确地将目光调转了方向，开始理解社会和物质世界的相互关联，并形成理论。在某种程度上，我们就是在研究我们自己。

最后，我们将讨论21世纪学者们对器物的思考方式。作为知识背景的一部分，这些器物对我们的作者产生了很大的影响。此处不便对后续内容进行概述，但是我们还是要凸显一些主题。这些主题在本卷中将会不断与读者相遇。

关联与嬗变：变迁中的三种器物

本章开篇探讨了贝克兰发明的塑料，以例证我们这个时代与19世纪迥然不同。编辑们往往按照历法划分时间。而实际上，这些划分方式比较随意，只涉及现代研究人员关注的特殊问题或研究热点。以20世纪为例，人类见证了全自动化产品以及合成聚合物的出现。这些时间标记不同于以往。19世纪，人类留下许多经久不衰的物质遗产，但是全自动化产品和合成聚合物却闪耀着20世纪独特的光芒。

但与此同时，19世纪的器物与20世纪的器物之间也存在连续性。我们认为，这一点丝毫没有减弱现在这个时代的新意，我们也不想断言19世纪器物和20世纪器物之间毫无瓜葛。欧洲和北美的许多城市都建在19世纪的基础设施之上，如伦敦、纽约、华盛顿、巴黎、罗马和巴塞罗那。100年前，人们悠闲漫步在这些城市的街道上。100年后，这些城市依旧充满神秘感，令人惊叹。我们穿梭在这些街道上，仍能感受到全球的商业气息。和以前一样，商业仍然深受公路、铁路和船只的巨大影响。19世纪晚期的百货商店已经不见踪影，取而代之的是购物中心。百货商店从城市转移到了郊区。这些物理空间让消费者萌生购物的欲望，但这种影响可能正在逐渐减弱。19世纪另一项发明（邮购商店）借助"网络公司"荣耀回归，均衡了消费者的购物渠道（至少在"网络中立"时期）。原始的广告形式已经演变为定向广告（又称自主性监视广告）。广告中的技术能够捕捉到顾客的消费偏好。

从知识的角度看，我们并没有和过去渐行渐远。约翰·洛克（John Locke）、格奥尔格·黑格尔（Georg Hegel）、卡尔·马克思（Karl Marx）、查尔斯·达尔文（Charles Darwin）、埃米尔·杜尔凯姆（Émile Durkheim）和威廉·爱得华·伯格哈特·杜波依斯（W.E.B.DuBois）在现代学界依旧影响很大，尽管人们对他们进行了重新解读。这些人物将继续深刻影响社会科学和人文学科。最近，谈论知识"转向"已成为一种时尚。过去50年，"物质转向"匠心独运，引领了科学技术研究的发展，衍生了新唯物主义概念以及随之而来的各种思潮。这些思潮认为万事万物都对人类社会生活产生强烈的影响。19世纪的思想家和缔造这些思想家的世界与每次转向都有千丝万缕的联系。

现代器物新颖独特，既有历史传承又独具匠心。最好的例证是我们即将探讨的三件19世纪家喻户晓的器物。这些器物推动了欧洲殖民主义及帝国主义政治和经济的发展。同时，我们将论述这些器物持久的影响以及它们在20世纪的（再）化身。这三件器物是"蓝柳"纹样瓷器、全景监狱（the Panopticon）和紧身胸衣。随后的论述并非包罗万象、面面俱到，而是要证明这些盘根错节的物质既连接着20世纪之后的时期与过往时代，又在很大程度上重塑了过去的器物。

蓝柳纹样瓷器的发展历程

在20世纪初的沉积物中，陶瓷和玻璃往往是英国考古出土最多的文物。虽然模印陶瓷越来越普及，但是转移印花陶瓷——19世纪的主要产品——在整个世纪中却经久不衰，在20世纪末更是广受关注。历时最久的"蓝柳"纹样在20世纪末仍随处可见。"蓝柳"纹样早在两个世纪前就令欧洲消费者如痴如醉，爱不释手。（图0-1）

19世纪初，"蓝柳"纹样成为行业生产标准。这种纹样在维多利亚时代非常流行并延续至今。人们认为托马斯·明顿（Thomas Minton）最先雕刻出了"蓝柳"纹样。该纹样受到了中国瓷器美学

图0-1　蓝柳纹样瓷器餐盘。劳里·A.威尔基供图

的影响。在全球市场上，中国瓷器备受追捧。为了与之一争高下，英国陶工在制造陶器时，不遗余力地模仿中国瓷器的颜色和装饰风格。科希（Coysh）和亨利伍德（Henrywood）认为至少有54家制造商生产这种陶器。20世纪，一些收藏家将所有蓝色转移印花的陶器称为"蓝柳纹样瓷器"。

科希和亨利伍德讲述了一首童谣，创作者是斯塔福德郡的陶器制造商。童谣中提到了这种纹样的主要特征：

两只鸽子高空旋，

一叶扁舟入眼帘。

垂柳枝头高高挂，

桥上捕客追得欢。

禅林古刹岸上立，

盘踞江山若半壁。

苹果树上结硕果，

竹篱茅舍止歌前。

这首童谣没有描述维多利亚时期以来蓝柳纹样瓷器背后的故事。到19世纪中叶，传统的观念认为这种纹样与中国广为流传的故事息息相关。

本质上讲，蓝柳纹样瓷器与殖民主义和帝国主义密不可分，并且发挥了重要作用。1875年后，英国文学艺术史上的美学运动选用了蓝柳纹样以及其他蓝白相间瓷器。在家庭中，收藏中国古董蓝白瓷器变得流行起来。奥哈拉认为，作为"古典神话"的一部分，蓝柳纹样进入了美学领域。约翰·济慈（John Keats）、威廉·巴特勒·叶芝（W. B. Yeats）和托马斯·胡德（Thomas Hood）等美学作家将这些神话运用到了极致。大英帝国落日余晖中，英国美学将这些过去文明的魅力表达得淋漓尽致。

20世纪初，蓝柳纹样依然盛行，是人们对过往盛世的一种缅怀。1875年后，美国的陶器制造商对厚实的、光滑的、半玻璃陶瓷进行了改良。他们生产的陶器颜色丰富、形态各异。在美国，蓝柳纹样瓷器这样的怀旧物品是种族化的民族主义的代名词，凝聚了被内战强行分散的白种人，但推迟了被奴役近百年的有色人种应享受平等权利的进程。帕特丽夏·特纳（Patricia Turner）明确论述了种族主义意象在日常器物中的具体体现。例如，带有草坪骑师和"汤姆大叔"图像的饼干陶罐。事实上，也有很多其他怀旧物品，只不过没有那么引人注目。装饰性的主题图案可以追溯到美国历史上的殖民时期。这些主题具有历时性，象征着南北统一和种族特征。例如，1927年"西尔斯目录"（Sears Catalog）[1]为18件蓝柳茶具做了广告。广告词为"英产半瓷器，原装进口，仿古装饰，时尚设计，适做茶具"。茶壶旁站立着白人男女小雕像，头戴殖民时期的帽子。在19世纪的英国，中国瓷器被神化了，与此不同，美国人却对英国瓷器情有独钟。

优生运动在美国大行其道，措施多样，包括对残疾人和有色人种的强制绝育，以及只雇佣白人劳工的运动；19世纪末，美国颁布了《排华法案》（the Chinese Exclusionary Acts），禁止中国移民及

1　西尔斯罗巴克公司是一家以为农民提供邮购业务起家的零售公司。它的创始人理查德·西尔斯（Sears）在1884年就开始尝试邮购商品，1886年创建了西尔斯邮购公司，开始专门从事邮购业务，出售手表、表链、表针、珠宝以及钻石等小件商品。——译者注

其后代进入劳力市场，限制他们的家庭生活。20世纪最初的几十年，种族暴力让中国移民生活在白色恐怖之中。相比之下，陶瓷餐盘和饼干陶罐就没有那么多种族色彩。但考古界却别出心裁地认为这些平淡无奇的器物能够引发波及甚广的运动。虽然源于古老的陶瓷，但蓝柳纹样瓷器却进入了新媒体的种族主义话语体系。

蓝柳纹样最新的政治题材作品借鉴了维多利亚时代的哀悼观念。2016年公投后出现了一系列"脱欧"产品。"哭泣的柳树"是其中的一件，用来纪念英国脱欧事件。图0-2是一个配菜碟，产于斯托克市，在各种专营店及大英博物馆都可以买到。垂死的柳树、英国和欧洲之间摇摇欲坠的桥梁、满船逃离英国的欧洲人、风雨飘摇的威斯敏斯特大教堂、愁眉不展的安格拉·默克尔，所有这些都遵循了蓝柳的设计风格。配菜碟附带说明，对一些只有内行人才能领略的艺术表现形式做了解释，但传统"蓝柳"设计元素的重新描绘却将英国脱欧事件娓娓道来。

全景监狱，无处不在

蓝柳纹样广为流传。本章涉及的第二件19世纪的器物在学术界享誉盛名，但却鲜为人知。与蓝柳纹样一样，全景监狱产生于18世纪末，却在19世纪才得以推广。英国哲学家、社会改革家杰里米·边沁（Jeremy Bentham）设计了这种建筑结构——一个耸立在环形囚室中间的独立塔楼。这种设计的出发点是以少治多。在提到诸如工厂、监狱、学校和卫生机构时，边沁写道：

显然，在这些机构里，只有被监视者一直处在监督者视野范围之内，才能实现这些建筑物的功能。这些功能最完美的诠释就是让

图0-2 "脱欧"蓝柳纹样。劳里·A.威尔基供图

每个被监视者无时无刻不在全景监督之中。

福柯（Foucault）对全景监狱进行了论述。此后，边沁成为学界研究的对象。

边沁提出的全景监狱设计遍布全球。19世纪的改革家和严格纪律奉行者们都致力于创造各式各样的监控环境。他们采用了物理空间和精神控制的手段。对福柯而言，全景监狱设计的威力在于，无论何种建筑——监狱、学校、医院或军营——被监视者都无法确认是否真的被监视。这种设计让监视变得无处不在。这种布局让囚犯不得不循规蹈矩，自我规训，就好像随时处于监控之中一样。自我规训和貌似处于监视之下的生活描绘了19世纪人们生活的自然状态。福柯的这种分析持久地影响着社会科学论述。

西蒙娜·布朗（Simone Brown）辩称，福柯等人的作品中过度强调全景监狱的监视系统，而忽视了一种建筑结构，即英国"布鲁克斯"（Brookes）号贩奴船结构（图0-3）。布朗的言语既挑衅又令人信服。这种建筑结构深刻影响着19世纪的著述。边沁可能对这种结构比较熟悉。这个结构图在1787年4月首次出版问世。边沁声称，自己在这一年完成了他的文学作品，即1791年出版的《全景监狱》。布朗认为"贩奴船"和一般意义上的种植园不仅仅对监视的本质产生更持久、更广泛的影响，而且影响了监视黑人群体的方式。对黑人群体的监视在19世纪如同家常便饭，这促进了20世纪监狱－工业建筑群的蓬勃发展。事实上，关于组织、控制农民的论著与种植园经营管理的文献相互影响，相辅相成。庄园的建筑设计文献为工业园区和军事基地的建设奠定了基础。虽然家长式的观点强调这些机构应该以仁慈为本，但那些潜在的和肉眼可见的暴力威胁（更不用说暴力行为本身）才是这些方案得以盛行的重要推手。

全景监狱和"家长式"种植园发展初期，绝大多数人口仍聚集在农村。它们在西方人口拥入城市后，产生了深远的影响。这些人享受了基础设施的革新，例如饮用自来水、卫生系统和电力，但依赖"电网"为政府监督和控制带来了新的契机。全景监狱的规模变得越来越大，外观上也越来越难以辨认。在受世界大战影响的地区，建筑物和基础设施的毁灭催生了新的建筑结构，市政府利用工

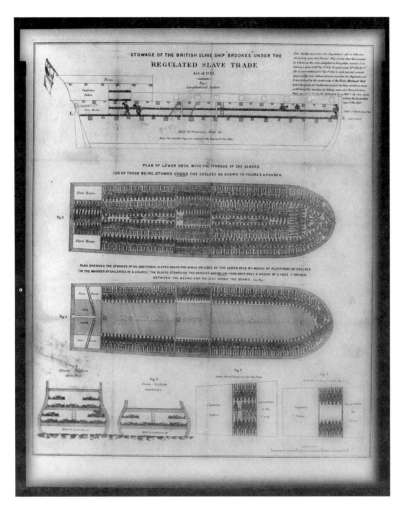

图0-3　18世纪晚期的蚀刻版画，"根据1788年奴隶贸易管制法案，英国贩奴船'布鲁克斯'号的奴隶住处"

程创新方式建造更高的建筑物。在美国，诸如罗伯特·摩西（Robert Moses）清除纽约"贫民窟"等项目就包括重新规划纽约，并随着郊区的发展在城市和城郊景观中创造种族和阶级隔离。将长岛设计为郊区绿洲的工程就是一个很好的例证。在这里，（白人）中产阶级家庭生活可以免受纽约城日益贫困人群的威胁。

进入21世纪，新技术给这些想法赋予了新的形式。通过安装"安全"摄像机、卫星、手机监控、电子收费传感器、金融追踪以及其他技术手段，电子监控已经成为21世纪日常生活的一部分。2010年以来，谷歌和脸书这样的公司对我们的习惯、行动路径和愿望了如指掌，熟悉程度远超人们对自我的认知。这些趋势让很多人忧心忡忡，它们俨然已威胁到了人们的生活。比格（Bigo）提出，这些技术催生了"筛选监视"（Ban-opticon），移民和拥有特殊背景的人群出入边境时受到了监视和限制。

在关于计算机和电子技术，甚至迪士尼世界组织的论述中，人们往往会想起全景监狱的概念。虽然这些作者与19世纪的建筑密切相关，但很明显他们试图应对的是20世纪和21世纪出现的问题。布朗认识到，在监视的问题上，种族和阶级相互交织。同样，阿扎里托和邓肯也认识到身体羞辱影响了女性的政治和社会经历。这种羞辱是通过鼓励自我约束的各种媒介来实现的。我们随后会回到这个话题上来。

20世纪和21世纪关于监视的文字作品中，出现了大量与全景监狱相关的隐喻。对此，布朗提出了批判并得到广泛认可。由于全景监狱设计在描述当代现象方面存在缺陷，一些研究监视的学者对全景监狱设计的盛行越来越感到不安。哈格蒂指出："全景监狱设计已经具体化，应将学术注意力转向精选的监视属性。由此，分析师们排除或忽略了许多不属于全景监狱框架内的关键特质和监视过程。"他举了一个例子，展示了当代刑罚制度如何脱掉伪装，不让被监禁的对象重新回归社会，而是使用各种监视技术，迫使这些人生活在监视之中。

我们不认为这些是对全景监狱或其缺点的完整论述。我们的观点是全景监狱经久不衰。它在学术论述中的盛行证明了19世纪的器物如何在21世纪得以继续发扬光大，并以某种方式分散仍以白人和男性占据主导地位的学院派的注意力，让他们不再关注女性和有色人种被监视技术隔离和控制的方式。那么，也许我们现在有理由将目光转向紧身胸衣，一种以另类方式进行身体管理的器物。

塑形胸衣

如果说全景监狱和种植园是通过塑造空间来控制人们的行为和身体活动，尤其是低阶层和有色人种，那么紧身胸衣就是一种用来约束那些不守规矩的女性的工具。17、18世纪，人们对女性身体进行标记和分类，此时的科学发展与之息息相关。隆达·施宾格（Londa Schiebinger）证实了这一点。在殖民主义的号令下，女性身体被排序和编目。人们审视身体各个部位，并从最性感到最不性感进行排序。当然，那个时期的科学项目不仅局限于对女性身体的简单分类，同时也非常注重形体的控制和"改善"。早在欧洲文艺复兴时期，男性和女性都身穿紧身胸衣来打造匀称的体型。但是，到了19世纪下半叶，紧身胸衣就只用于女性塑形了。

束身既有正面影响也有负面影响。医学杂志和流行期刊对此一直争论不休。在流行文学中，穿紧身胸衣束身的女性形体就是文明的象征。实际上，形态各异的紧身胸衣跨越了种族和阶级界限。在上层阶级中，人们希望女性身着紧身胸衣，以使腰围小到可以用两只（男性的）手托起，或者如初婚时的腰围（以英寸[1]为单位）。紧身胸衣与女性相伴一生，从天真浪漫的孩童到耄耋之年的老妪，管理形体需要女性穷其一生。这种做法让女性容易患上饮食失调的毛病，1873年出现了首例神经性厌食症病例。紧身胸衣对健康有明显的负面影响，包括呼吸短促、焦虑、慢性消化困难、高风险流产或死胎、疲劳、易发子宫脱垂，以及头晕目眩等问题。医药行业欣然提供源源不断的产品，声称可以帮助解决各种"女性烦恼"，而诱因往往是紧身胸衣。19世纪末，一场关于紧身胸衣危及健康的论战在如火如荼地进行着，席卷北美、英国和西欧的竞技运动和日益蓬勃的女权主义政治运动对女性产生了影响。由此，紧身胸衣的设计发生了一些变化。

20世纪曙光来临，紧身胸衣仍然备受青睐。在北美，查尔斯·达纳·吉布森（Charles Dana Gibson）的艺术催生了19世纪晚期的束身美学。吉布森声称他的插图是理想的美国美女（吉布森女孩）的组合。他笔下的年轻女性身着紧身胸衣，身材苗条，拥有独特的S形轮廓，丰乳翘臀（图0-4）。和大多数其他紧身胸衣相比，S形曲线紧身胸衣穿上去更不舒服。照片上的女性弓腰驼背，局促不安。到1905年，S形紧身胸衣已不再流行。自行车和女子运动日益风行，探戈等舞蹈受到追捧。由此，年轻女性开始了反对紧身胸衣的运动。

---

1 1英寸 =2.54厘米。——编者注

图 0-4 "美国海岸，风景如画。泳装美女，席地而坐。"查尔斯·达纳·吉布森，约1900年。照片来源：环球历史档案馆、环球影像组，盖蒂图片社

　　"科学家"认为束身对女性健康至关重要。甚至连公认的性研究之父哈夫洛克·埃利斯（Havelock Ellis）这样的人物也认为女性需要束身，以应对进化过程中直立行走所产生的不适。他认为女性天生适于爬行，而束身使直立行走成为可能，同时也可以保护性器官。到20世纪20年代，流行时装需要更自然的形体外表，随意女郎（flapper）[1]的直线形轮廓证明了这一点。

　　20世纪，各种观念交织，现代性概念深入人心，广告业和市场营销行业蓬勃发展，鼓吹"女性的价值在于形体而非成就"的观点

1　20世纪20年代不受传统约束的女性。——译者注

大行其道。若非如此，紧身胸衣恐怕早已退出历史舞台。简·雅各布斯·布鲁姆伯格（Jane Jacobs Brumberg）追溯了过去100年美国的美化运动。她只研究了一个国家的时尚潮流，但是窥一斑而见全豹，我们可以由彼及此地推及其他西方国家。通过19世纪30年代至今的一些青少年女作家的日记，布鲁姆伯格探究了年轻女性如何记录从月经到性探索，再到对自己身体的认知，等等。她记录了从强调内在美和个性成就（内部自我提升阶段）到注重外在肉体的转变。身体成为锻造的对象，媒体的介入驱使年轻女性重塑身体，以应对不断变化的表现形式。

到了20世纪，人们不再看重价值观和个人提升，取而代之的是对事物的痴迷癫狂。这种痴迷癫狂已经成为实现"美好生活"的手段，在《欲望之地》中，威廉·利奇（William Leach）对此有详细阐述。维多利亚时期，举止得体可以让人刮目相看，正如在《了不起的盖茨比》中，弗·斯科特·菲茨杰拉德（F. Scott Fitzgerald）写道：在20世纪，人们通过对外在的精心修饰以及彰显获取物质的能力，让自己与众不同。艾米丽·福格·米德（Emily Fogg Mead）等人开创了广告行业，满街兜售商品的行当摇身一变成为一种诱惑的艺术，使消费者们坠入欲望之网。入不敷出的人们陷入信贷和债务的泥潭，欲罢不能。19世纪，家居用品、服装、家具和建筑也许是成功和地位的物质象征，而20世纪以后，新商品泛滥成灾，诱导人们无度消费。亨利·福特和他的竞争对手们不断推陈出新，促使人们创造新的建筑风格以容纳汽车。这种情形也重塑了城市和公共空间，从某种程度上将它们变成了通过汽车展示个人成功的舞台。收音机、电视机、电子游戏机、家用电脑、笔记本电脑、手机和"智能"电话等电子产品不仅成为"美好生活"的象征，也是"美好生活"的组成部分。

在这个过程中，女性日益成为现代性和美好生活的目标，束身在整个过程中发挥了作用。菲尔兹（Fields）证实，20世纪20年代女性似乎对束身失去了兴趣。这让美国的紧身胸衣制造商陷入恐慌。他们组成攻守联盟，协调内衣行业的广告和营销。他们采用了灵活多样的应对方式：阐述束身与身体健康、爱国主义、皮肤白皙和伦理道德的关联；培训导购员，帮助女性意识到形体上的缺陷，而束身可以解决这些问题；通过新品牌、设计和组件重新命名产品。紧身胸衣被重新冠名为"打底衫"或紧身裙。菲尔兹总结道："内衣行业关于女性身体的新观念也鼓励大多数女性认同自身缺陷，从而在自我否定时构建主观能动性。"人们期待女性像了不起的盖茨比一样重新构建对自己的看法。但这不是要去获得什么成就，而是构建一种降低损害和修复自我的方式。人们期待女性拥有纤瘦、可塑的形体。

纵观美国、加拿大和英国，廷克（Tinkler）和克瓦斯尼克·沃什（Krasnick Warsh）对1924—1934年刊登在《时尚》杂志上的广告进行了研究，进一步阐明了在20世纪早期，商品和女性身体紧密相连，不可分割。他们发现，用于宣传汽车、香烟和"打底衫"三种产品的图像都有助于提升"现代"女性的某种形象。尽管这是三种完全互不相干的商品，但是人们往往使用相似的视觉和语言词汇向女性消费者进行宣传。苗条尤其成为每个商品的主要描述词，香烟和汽车都强调纤细的体形是现代风格的一部分。在女性打底衫的广告中，苗条是年轻人的特征，而女性的腰围让人一眼就可以看出她们的实际年龄。将汽车描绘成女性的拟人化手法突出了这些观念的另一个维度。"对女性和汽车的不合时宜的表述让人们认为女性身体本身就是商品。女性身体肆无忌惮的暴露，对现代人体作品的高谈阔论，强化了这种印象。"他们指出，从本质上讲，女性气质是男性设想构建出来的，而女性身体则需要借助技术手段才能变得现代时髦。

斯图尔特和亚诺维斯克（Stewart and Janovicek）研究了同一时期的法国，广告和健康指南也潜移默化地推崇苗条的身形，提倡通过运动和控制饮食打造巴黎时尚中的曼妙身姿。当时的裸体肖像凸显了女性纤细的外形，比较夸张，不切实际。而德加（Degas）画作中的妓女形象格外扎眼，她们脑满肠肥，大腹便便，比如1877年的《主人节》。然而，这些作品与德加以往的画作形成鲜明对比。他经常画的芭蕾舞者玲珑有致，袅娜娉婷。出于审美原因，20世纪30年代的饮食书籍极力主张限制饮食以保持身材苗条。尽管如此，斯图尔特和亚诺维斯克却强调，大多数女性似乎一直依赖打底衫来获得时尚插图中不切实际的形体。

到20世纪中叶，通过运动、饮食、塑形衣和化妆品来塑造形体成为北美和欧洲女性的惯常做法；到20世纪后期，外科手术也加入了这个行列。对于有色人种女性来说，这些塑身项目因被压迫的历史而变得更加复杂。将种族化的群体器物化，包括对这些群体的暴力行为，一直是白种人的快乐源泉。几代人被殖民的经历助长了人称"自我憎恨"的愁绪，或者费朗茨·法农（Frantz Fanon）所说的内驱动力。他在马提尼克岛[1]看到了人们"乳化"或"漂白肤色，拯救种族"的现象。直发器和皮肤漂白剂述说了有色人种女性在塑造形体过程中的苦苦挣扎。

到20世纪末，女权主义者已经认识到这些身体话语在控制女性方面的作用。21世纪初期，人们开始抗议仍持续进行的女性形体项目，艾丽西亚·凯斯（Alicia Keys）等名人率先发起了素颜运动。法国已经通过立法，要求广告商在改变消费者外在形象时须予以公开说明。美国正在考虑出台类似的法律。这些运动表明人们试图恢复"自然形体"，从紧身胸衣的桎梏中解脱出来。

虽然我们也可以讨论紧身胸衣的奇妙之处，但我们希望我们已经证明了紧身胸衣在将人体器物化中起到的作用。这个19世纪的器物在我们这个年代实现了最后一次迭代更新，我们将以此结束本节的叙述。紧身胸衣在20世纪末和21世纪初再次出现，成为科幻小说或奇幻作品以及被称为蒸汽朋克的服装和美学传统的标志。广义上讲，蒸汽朋克文学和表演是一种流派，将维多利亚时代的怀旧情感与时间旅行以及赛博格科幻小说融为一体。蒸汽朋克美学和故事创作在20世纪80年代首次出现，之后迅速发展，持续至今。这种发展得益于网络互动和服装展的流行，例如漫控潮流浏览会（Com-iCon）。与护目镜、齿轮和礼帽一起，紧身胸衣已成为蒸汽朋克文学和服装的重要标识。然而，蒸汽朋克时代的紧身胸衣要内衣外穿，而不是打底。塔代奥声称，如此一来，紧身胸衣寓意复杂（且颇具讽刺意味），象征着女性赋权和性欲。"蒸汽朋克紧身胸衣宣告女性

1　加勒比海岛屿，岛上大部分居民是黑人和黑白混血种人。——译者注

在公共领域拥有一席之地，穿着打扮适合与男性和赛博格并肩作战或者与他们分庭抗礼。"塔代奥（Taddeo）诙谐地指出，如果女性与男性的成就相当，同时拥有20英寸细腰，似乎只会增加人们对这些女性的正面印象。和蓝柳纹样瓷器如出一辙，紧身胸衣无疑也是19世纪的器物，在20世纪和21世纪背景下展现了其独特风格。

我们认为，这三种器物显然都不是孤立存在的。种族、地域、技术和其他事物形成的历史和地理因素错综复杂，影响了这三种器物的形式、用途、意义和重要程度。基于这种观察，我们将目光转移到21世纪初期如何解读物质和物质性上来。20世纪被描述成脆弱和不稳定的时代。

回顾21世纪的事物

我们是本卷的作者，同时也是本卷的读者。本卷既得益于我们的观点，也受到我们的质疑。本卷的作者均为当代人，致力于物质的自传式民族志的撰写。显而易见，一些作者从当代考古学的视角进行创作。罗德尼·哈里森（Rodney Harriso）将其描述为"当下"考古学。我们不能因为刚刚过去的事情"耳熟能详"就自以为是，认为我们对其如数家珍，了如指掌。相反，当代考古学之所以有用，正是因为它们"赋予耳熟能详的事物新的内容"，揭示周围世界"隐藏的、被遗忘的和卑劣的一面"。他们试图讲述被排斥和边缘化种族的故事并"揭示"人类社会不为人知的内部运行方式。此前人们对此从未关注。当代考古学家利用物质的持久性，有意识地唤醒人们的记忆。也许，有些人宁愿将这些回忆永久封存，留在过去。也许，这些记忆不合时宜，无法融入主流意识。"超现代核心强国不愿意让世人知晓一些事实，如波斯尼亚万人坑中掩埋的尸体或印度博帕尔工厂废墟，而当代考古学家却将其公之于众。"简而言之，器物本身利于人们思考，因为它们随处可见。人类历史上，器物也许从未像20世纪和21世纪那样无处不在，不易察觉。因此，它们的影响从未如此巨大，成为人们了解那段历史的方式。

将人与器物等同对待的做法仍然是21世纪上半叶的标志。这是维多利亚时代民族志事业的延续，该事业影响了20世纪早期考古学和结构主义人类学理论的形成。还有的学派研究商品在世界各地流通的情况。毫无疑问，这种学术研究深受20世纪商品"无处不在"特性的影响。20世纪是全新、批量生产的世纪，生产变得触不可及。装配线上工人们操纵着机器，而通常情况下，只有机器才能接触到产品，或者人们更有可能将产品的生产外包（连同其污染和资源枯竭）到世界其他地方。

本卷讲述的内容虽然与器物相关，但实则是在讲述人类对这些器物的体验，这一点必须牢记。20世纪的论著书写人类共有的"赤裸生命"，聚焦于主权的生命政治及其作用，这种行为抹杀了人类的创新、创造力和希望。而对人类体验的思考让我们规避了这种创作的危险。姆贝姆贝提出了死亡政治的概念，亚历山大·韦赫利耶（Alexander Weheliye）对此概念加以引用，认为它对后殖民生活产生了重要的影响。他振振有词，认为许多学术著作中生命政治的构建以及赤裸生命的循环阻止我们想象在奴役、集中营和监狱等空间中的快乐幸福时刻。本章结尾部分，我们还将重申现代器物给人类带来的黑暗远远多于光明，而且更容易让我们正在研究的器物世界去人性化。

我们以一种特殊的方式使用"人类"这个词。黑人女权主义者著书立说，其中司柏乐斯（Spillers）、温特（Wynter）和柯林斯（Collins）的作品极具代表性。她们强调，19和20世纪人们理所当然地认为"人"这个词代表着西方、基督教、白人和男性群体。进入21世纪，我们的认知应该对人类范畴有更宽泛的界定，这个范畴涵盖多元化的性别、性取向、种族和阶级。"人"一直凌驾于这个范畴并对其进行掩饰。将人划分为"人类"或"次人类"的做法遭到了质疑。他们同时质疑在种族化以及决定公民生死的过程中，国家到底发挥了什么作用。对人性的认知广泛地影响着20世纪公民的具体体验。一定程度上，本书对"器物"的探索让人性得以回归。

价值与身份

人们对于20世纪和21世纪器物的思考方式发生了变化。这些变化不仅仅局限于一小批考古学家、人类学家和思想家。考古学家学会通过事物思考过去和现在，同时对器物的认知也发生了更广泛的变化。事物和思想、记忆以及身份已经以新的方式开始变得模糊起来。20世纪，新生器物层出不穷，人们对事物思考方式发生了变化。在身份识别过程中，器物扮演了新的角色。人和器物以新的方式融为一体，而新生器物则需要新的本体论。

现代器物独具特色，材质虽然毫无价值可言，但是其中心地位却不可动摇。某些器物的价值低廉，因为批量生产易于产品的制造。因此，它们以前所未有的速度激增。批量生产使一些器物价格低廉、无处不在，它们的成本仅限于快递和包装。然而，最不值钱的器物有时候却至关重要，它们有助于我们了解自己。比约纳尔·奥尔森

（Bjrnar Olsen）指出，"坚实的东西历久弥新，它们让我们了解过去、还原过去。若非如此，过去消弭、记忆无存"。情况一直如此，人类的记忆绝非21世纪所独有，只不过当代器物数量庞大，在记忆形成中发挥了更大的作用。在20世纪和21世纪，纪念品（源自法语，意为纪念、往事、记忆），如造价低廉的珍贵器物已经成为记忆场所和事件中不可或缺的一部分。照片、穿小了的婴儿衣服以及廉价的纪念品塞满了地下室和阁楼的箱子。某种意义上，它们刻画了户主的形象。没有纪念品，旅行就不完整，其中一部分原因是纪念品比比皆是、唾手可得。这里涉及一个奇怪的逆向思维，即人们更容易把最廉价的器物视为珍宝，并长久保存，例如，冈萨雷斯－鲁伊巴尔讨论的儿童玩具。它们数量众多，但多愁善感的父母仍旧珍藏孩子们玩过的这些玩具。21世纪，作为财富、阶级和身份标志的体验经济不断发展壮大，但体验经济与器物息息相关、密不可分。

照片是一个特殊的案例，涉及身份、价值以及本体论。照片让人们以崭新的视角看待世界并扩大消费。此外，作为纪念品，我们常常对照片进行精心修饰，就如同我们对自己精雕细琢一样。照片曾经是非常有形的器物，但现在情况未必如此。19世纪以来，照片成为旅行记忆和身份确定的一部分。然而，最初的摄影需要一种实质有形的客体。埃德沃德·迈布里奇（Edward Muybridge）是著名的约塞米蒂山谷风景摄影的发起人。他使用了20英寸×24英寸的巨型玻璃板底片以及大量设备，这些物品需要一辆行李车运送。蛋白相纸需要在变质前迅速冲洗，因此约塞米蒂山谷和西部其他地区的早期摄影师需要一个现场实验室，这里面装满了化学品和玻璃器皿。在荒无人烟的西部，照片的物理属性加大了拍摄的难度。因此，一旦拍摄成功就会显得弥足珍贵，同时会引起巨大轰动。这些照片让人们有了身临其境的感觉。如今，照片的物理属性受到质疑。与迈布里奇的设备相比，大多数照片不再用相机拍摄，取而代之的是手机。通常情况下，人们仍然通过邮件发送节日贺卡和校园照片，但智能手机上拍摄的快照又有多少被打印出来了呢？即使是寥寥无几的打印照片也终将被数字相框取代，小器物，大容量，取代成千上万的图像。这个时刻还会远吗？

现代社会，器物变得非实体化，照片就是一个很好的例证。电话机、参考书、音乐收藏、笔记本、时钟、手表、照相机、电视机等等都被融入一个5英寸×2.5英寸的掌上盒子里，因此，西方日常生活中的器物已经开始缩小并逐渐消失。体验经济击败了实物物品（当然，一些纪念品除外）。小型居所令人羡慕，成为另类战利品，极简主义风格在宜家就可以实现。20世纪初，货币的价值往往体现在金币和银币上。此后，它过渡为纸币，又过渡到以1和0为基准的数字账户，可以数字存储和付款。有时，21世纪的器物面对的挑战就是去器物化。成箱的婴儿衣服和被淘汰的玩具，去年的手机或笔记本电脑买的时候价值几百或几千美元，而现在却几乎一文不值。这些物品给了邻居（有时心有不甘）、朋友或"捐赠"给旧货商店。几年前，电视机还是地位的象征，现在却需要付费处理。沿着小路人们能看到被丢弃在水沟里的电视机。计划性淘汰的速度早已超出了人们的预期。

上一节论证了现代器物数量激增，与人们渐行将远，变得毫无价值可言。情况若是如此，那么从某种程度上讲，某些器物及其生产，甚至最无经济价值的器物确实对身份认同来说至关重要。如何利用这些器物创建记忆（遗忘），对此我们已有表述。然而，考古学家早就注意到人们有意无意地穷尽各种方式利用器物来创建各种身份，如种族和民族、宗教、年龄、性取向和性别、阶级和地位，以及诸多其他方面。不言而喻，这些引用只是冰山一角而已。他们一致认为这些方面相互关联。我们的人性是依赖自然界他物的产物，"自然"事物烘托了我们的"文化"特质。公园给人们带来了乐趣。修剪齐整的城郊草坪以及城区公园强化了人与自然他物的二元对立。人类学家早已摒弃这种二分法，但是这种对立对我们身份的确定仍至关重要。为此，我们批量创造了"自然景观"，如纽约的高线公园或约塞米蒂国家公园。

生产行为也可以成为打造自我的核心特征：编织、园艺、烹饪和木工都会缔造器物，而购买现成的帽子、蔬菜和茶几可能更便宜、更便捷、更容易。在现代，手工制作过程比较罕见，创造器物可以成就自我，彰显个性，因此尽管原材料本身有时可能与批量生产的成品一样昂贵，但是附加的成本也是物有所值。

这个过程是双向的。如果人们通过器物的创造来确立自己的个人身份，那么器物也就成为了创造和人格物化的一部分。批量生产的器物具有身份，人与物之间界限模糊，相互产生共鸣。将人们泛化为同质群体的做法令人担忧。"德国工程""瑞士精密""瑞典设计"为一类群体，而"哥伦比亚咖啡""斐济水"等一系列食品则为另一类群体，许多西方人只知道它们来自"遥远的地方"。

本套丛书前几卷所讨论的古代器物，从某种程度上讲，就像手机和电脑一样现代。同时，它们与身份确立过程密切相关。当然，优秀的考古学家都知道，过去的器物并未消失殆尽，它们只是被分割成碎片，脱离了原有的环境，很少有真正消失殆尽、不复存在的。现在是由过去的器物组成的，具有多重时空性。正如本节开头所述，此类器物是考古学家进行"思考"的良好素材。他们致力于解读早已消失以及依旧存在的文化。但是，使用古代器物的群体不仅仅局限于考古学家。至少某些西方人几个世纪以来一直对被视为"属于"过去的器物倍感兴趣，例如，古文物研究者。他们的工作为考古学方法的某些方面奠定了基础。此外，还有那些洗劫全球博物馆及私人陈列室的收藏家，他们的行为极具破坏性。

考古工作本质上具有政治意义。在连续迭代更新的当今社会中，古代器物已经被赋予了新的含义。考古材料已经卷入了引起怀旧的他者化（othering）浪潮之中，例如上文提到的蓝柳纹样瓷器。在新的符号系统中，器物的耐久特性使它们完全可以被重新诠释和再次利用。人们争夺古代器物的行为被看作身份确立过程的一部分。拥有土地、生计、自我定义以及主权的具体斗争都与某些器物有着千丝万缕的关联。人们求助于考古学及其器物来解决现代政治冲突，但它们也能引发抗议，甚至政治和军事管控。

大多数情况下，器物交换不再是人与人之间的行为，而是人与公司之间的行为。公司起源于中世纪的行会和16、17世纪创建的商号。公司现在已经成为日常生活的一个重要组成部分，身份的确立往往是通过公司的商标体现的。在某种程度上，一个人简直就是各个公司的集合体，这些公司生产了他穿着的衬衫、驾驶的汽车、使用的电话以及脚上的鞋子。公司本身往往就是产品的一部分，比方说耐克品牌标志性的"对勾"可以识别一个人的身份。这种识别并不是价值中立（value-neutral）的，比方说汽车上"美国"或"外国"的标识就足以表明你属于哪个政治派系（尽管当今的汽车零部件来自世界各地并在不同地方组装）。器物大批涌现，而人类并没有付出太多劳动。因此，21世纪的器物世界自成一体，与人类能动性完全脱离开来。有的器物搁置在架子上，有的器物被扔在盒子里（丢弃物品），置于门廊处。它们似乎不是产自于人类，它们的商标表明它们的创造者是拥有各种光环、情感以及担任临时代言人的公司。

然而，实际上没有任何一家公司生产了我们的衬衫。像所有考古数据一样，我们拥有的东西同时也与他人有过亲密的接触，即要借助一些设备——缝制纽扣，模压轮毂盖——所有这些都经历过陌生人之手，是一系列劳动的集合——陶瓷碎片或塑料杯、手机的微小部件。人们通过手机触摸屏就可以订购这些器物，当它们被送到我们家门口时，器物之上仅仅留下这些人的指纹而已。比如说，当工厂工人在匿名生产的货物袋里加入了求助信息时，让人突然关注到器物身后真实存在的人性，这种做法既不和谐，也让人感到不安，就好像器物本身被赋予了生命，要求改善工作条件一样。

在这个身份重构的世界里，器物本身的价值在不断变化。器物变得越发小巧但功能却越发强大。新旧器物并存。骑自行车上班的有穷人，也有富人。光顾旧货店的有穷人，也有富人，尽管淘来的货物是"二手的"或"复古的"。"新"和"旧"同样标志着地位。旧艺术品和"古董"是地位的象征，比起新建楼宇，陈年旧宅（装有崭新的厨房）价格不菲，历史悠久的宅院在特定的日子向公众开放。由此可见，现代器物中存在着几组悖论。正如本卷其他几位作者所述，现代器物无所不在，因此毫无价值可言。然而，这种特性以全新的视角让现代器物成为身份识别的工具。现代器物虽然与我们格格不入，但对于界定我们的身份却又至关重要。

相互交织及相互关联的学说

步入21世纪，学者们认为人类拥有的器物不仅仅是量产产品或者消费品。他们认为这些器物具有智力立场，而这种立场本身强制推行人类中心主义的世界观，忽视了非人类力量在塑造人类生活中的作用。威特莫尔断言，就物体情境而言，现代理论学家们一直以来都"不怎么慷慨大方"。他们将器物降到次要和静态的角色，对此，威特莫尔等人提出了异议。这些见解以不同形式出现在与科学技术研究相关的学术团体（STS）中，或见于一系列理论创建之中，例如关于网络、网状工程（meshworks）、对称性以及新唯物主义。总体而言，这些研究将目光转向对人类和器物的理解，它们不是毫无关联，在历史长河中它们相互交织，不可分割。在这些分析中，本体论和认识论同等重要，"存在"、"生成"及"生存"等范畴都在考虑之中。卡伦·巴拉德（Karen Barad）提出，学者们不是从先存的实体之间的互动来思考问题的。他们认为内部互动使得物质和意义相互关联（能动实在论），这个过程催生了能动性和存在。这篇文献的关键在于承认物质性的重要意义，非人类具有能动性的理念，以及伦理学术研究的必要性。伦理学术研究承认在脆弱的世界中采取行动的必要性。

陈（Chen）提到了这种社会相关性（器物和关于器物的理论），并介绍了"生命度"（animacy）的概念。这是一个语言学术语，表示"名词或名词短语具有鲜活性、感知性亦或人性，对语法和句法产生一定的影响"。生命度不是把生物和非生物区分开来，尽管这当然是一个常见的二元对立。生命度涉及形形色色的物质。人们认为有些器物没有生命，如一块巨石，而其他物质，如水或空气，则是有生命的。陈认为生命度层级是特定时代、地点和民族的产物，而不是人类的普遍现象。这是他的论文的关键所在。因此，借助文字和图像解读器物的表现形式可以探索事物的发展过程，例如种族化。

步入 21 世纪，我们看到学者们在很大程度上对 20 世纪初推崇的现代性不再抱有乐观的态度。人们不再认为社会进步不可避免，势在必行。学术界已经接受了一种新的后现代思想。社会建构主义不足以让人们理解当代社会，学者们试图解读社会生活中的物理根基，在"社会建构主义"和"科学现实主义"之间举棋不定。继哈拉维之后，巴拉德建议不要运用反射性眼光（只复制我们身处的世界），而是运用折射性眼光，这会让我们鉴别至关重要的不同之处。折射性眼光让人们既看到了器物本身，也看到了用于研究器物的仪器的本质；因此，主体和客体相互交织，不可分割。巴拉德指出："客观性不再是反映客观世界的一面镜子，而是用来说明我们为何会成为客观世界的组成部分。"

21 世纪广泛出现的学术研究令人耳目一新。人们越来越关注社会科学和人文学科中器物的推动及革新作用，以及那些一段时期以来一直影响着科技研究、考古学、建筑学和艺术史的理念。物质世界和社会世界相辅相成、相互成就。

结论性主题

本节不是传统意义上的导论总结，不对随后章节做出概述。总之，大部分章节都很难用一两句话来概括。相反，本节旨在剥茧抽丝，提炼出某些主题，将其与前文所述背景进行关联，并予以分析。许多人指出，我们无法完成这个任务。撰稿人，包括我们自己，都探讨了个别类型的器物。由此，他们陈述了20世纪和21世纪器物产生的深远影响：海运集装箱、收音机、牙刷、绘画、汽车、茶杯、紧身胸衣、商场，尤其是考古陶瓷盘。我们对这些器物习以为常，但是，正如丹尼尔·米勒（Daniel Miller）在30多年前指出的，"平凡"并不一定"不重要"。

有两位撰稿人用大量篇幅介绍简陋的海运集装箱（威特莫尔和格雷夫斯－布朗），这并非巧合。人们很少想到这个器物，所以一旦进入人们的视野，它就会立即成为新闻。比如，一对夫妇回收海运集装箱，并将其改造成梦想家园。如同许多20世纪和21世纪的物品一样，海运集装箱根本就不是人们经常关注的对象。正如威特莫尔进一步阐释的那样，20世纪见证了距离的消弭，同时见证了支持这一进程而大量增加的基础设施：发射塔、电线以及网络联结实现了即时通信。我在一台电脑上打字，而它的零部件我从未见过，也无法辨认它们。这台电脑的动力来自各种器物的消耗和维护，如煤炭、电线以及装运它的集装箱。这些器物通过采矿设备、焊接设备、船舶以及工人的操作可以反复获得，而这些工人负责它们的建造、搬运及组装。这台电脑的关联者人数众多，并向纵深方向发展，涉及新的范围领域。

许多作者都注意到这一时期器物在不断激增，但值得注意的是，这并不是同类器物的简单叠加。新的生产及消费规模催生了新的文化形式和契机，这就如同生物学中出现的新属性一样，它们并不是化学成分的总和。例如，格雷夫斯－布朗指出，现代器物数量繁多，"技术必须被分享，而不是被雪藏"，因为它们需要被广泛利用才能发挥作用（例如收音机、电话机、电脑，甚至海运集装箱）。然而，器物的激增同时也导致了独立性的丧失，因为传统器物及其制造方法消失殆尽，取而代之的是产自工厂的合成聚合物。这也许是始于一万多年前的农耕和剩余产品的生产过程的结束。

20世纪和21世纪的器物也是全球器物。它们的原材料来自非洲、亚洲和美洲，通常在西方公司这样的全球工厂的眼皮底下加工改造。这种方式可以追溯到17世纪，但是在20世纪才得以充分展现。有些器物同时存在于世界各个角落：赛瑞斯（Serres）的"世界器物"，例如互联网，使通信成为可能且人们对此早已习以为常。我们的艺术品取材于遥远地方的"他者"器物，但艺术话语本身却变得越来越全球化。

20世纪也是一个器物知识民主化的世纪。与以往相比，关于器物内部运行方式，人们有了更多了解也有了更多的分享。任何东西都不是表面看起来那么简单，它们能以超乎寻常、难以置信的方式进行分解和重组。这种判断力曾经只限于受过教育的精英以及为贵族表演客厅把戏的早期化学家。现在，每个人都知道看似岩石的东西可以被重组为金属，而金属又在电脑屏幕上重获新生。与其他技术一样，这种科技发展在人类相互分享时影响巨大。它们是一连串科技发展的产物，而非单一的"发明"，而消费者对新器物的需求则推动了这些技术的发展。

本套丛书前几卷中的许多主题无法契合本卷内容。"经济器物"被看成真金白银，而如今我们手中大部分财富只是（数字）银行报表上的数字而已。雇主帮我们积累财富，而（数字）收账人负责减少财富。创造商品的目的是为了使用，它们有实体存在，但它们在不离开仓库的情况下就可以进行买卖。在股票市场，有多少财富没有任何实物载体，而财富极有可能从数十亿瞬间化为乌有？"艺术品"可以是概念性的，甚至是数字化的；事实上，艺术家亦可如此。

最后一个主题就是本卷的基调，其中包括导论部分。一定程度上，我们支持器物具有能动性和影响力这样的观点，因此，我们指出它们产量过剩，它们的副产品产生了负面影响（对人类和非人类的受害者皆是如此），人们利用它们达到邪恶的目的，它们在重申种族、性别、阶级和其他权力载体的不平等方面发挥了作用。当然，也有例外。穆林斯（Mullins）指出，人们利用器物来重新构想全新而积极的未来，而米勒注意到现代器物的成功之处，例如极大地改善了医疗保健。然而，说来说去，本卷的重点仍聚焦其负面影响。这些学者似乎一致认为现代器物没带来什么好处，无论对我们自己还是对这个世界。战争加快了发明和发展的步伐，但也带来了消费，最终只能由民众来买单。一些作者指出了消费社会创造过程中固有的操纵性。一些现代器物是"怪物"，而即使是看似无害的牙刷、茶杯和商场也都拥有不平等的痕迹。现代器物的过剩造成了"人类的物欲横流"，最终让人类与世隔绝，退出现实，甚至可能将我们引向后人类未来。

我们被定义为工具的制造者，这始于我们人属动物（Genus Homo）的特性。同时，我们也受控于我们制造的工具，这千真万确。冈萨雷斯－鲁伊巴尔全面精心地诠释了超现代器物的"畸形"会招致各种比对，如玛丽·雪莱（Mary Shelly）笔下的弗兰肯斯坦（Frankenstein）博士和他的创作。冈萨雷斯－鲁伊巴尔发现，弗兰肯斯坦创造的人没有灵魂，这对他来说是个败笔。我们制造石制工具或巨型飞机时，并不期望它们拥有灵魂，但如同弗兰肯斯坦一样，我们无法控制我们创造的产品，它们不仅仅是零件的集合。简单地说，我们往往无法预测器物到底能对人类产生什么样的影响，不管这个器物是一只集装箱、一个购物中心的设计、一只茶杯抑或是一发火炮。正如威特莫尔所述，人类让所有弗兰肯斯坦的怪物"翻越藩篱"，人们束手无策，无计可施。

然而，仅仅关注这种潜在的畸形可能又会让我们勾勒出一幅"赤裸生命"并将人类等同于器物的画面。即使在20世纪最糟糕的事件和历史环境中，生命依然存在——家庭的形成、艺术的创造、社区的建设以及社会的进步。20世纪和21世纪，人类可谓经历了风风雨雨，在这个过程中，环境、器物、人和时间浑然一体，不可分割。有鉴于此，本卷的开篇及结尾我们都可以通过人类与器物的关系来处理。悠悠三千载，人类和器物相互交织，密不可分。为此这几卷丛书的阐述显得格外重要，有助于揭示人类和器物之间的奥秘。

第一章

器物性

克里斯托弗·威特莫尔

除极特殊情况外，20世纪的学者给器物下的定义少之又少。汽车、高层建筑、铺筑的公路、电动钻机、冰箱、便携式收音机、魔方、喷雾清洁剂以及其他器物涌入人们的生活。在这些器物的无情冲击下，不知是出于焦虑还是漠视，关心人类自身状况的人们极力将人类从中剥离出来，社会的具象变得支离破碎，犹如管中窥豹，见人不见物，摒弃了非人类器物和动植物。人类将这些器物拒之千里之外，二者中间犹如竖起一道高墙，不可逾越。当然，这种斩钉截铁的隔离对立有更深层次的原由。笛卡尔认为器物是被动形态和一成不变的客体，相对而言，人类是意气风发、独具匠心的主体，该想法广为流传，经久不变。然而，随着20世纪的流逝，学界是否还如是认为已经不重要了，人们更关心的是燃煤发电厂、永久冻土、废弃铀矿、智能手机、飓风或心脏起搏器为何不如所愿。

　　1900年至今，任何物体情境的历史都基于这样的前提，即器物的初始用途与之后的作用大不相同。[1]无须多言，本章对器物的定义不同以往，物体情境（添加了表示"属性"的后缀）揭示了器物的状况、状态或特性。隔板房、混凝土停车场、水坝或集装箱不是脱离于语言、信仰、符号、价值观或情感等主观意向的客观实体。笛卡尔的定义将价值体系及关于事实本质的假想叠加于器物。抛却这种观念，"器物"（源起于古拉丁语objectum一词）即障碍，这是在做其他事情之前人们首先要面对的，清除障碍才能披荆斩棘。此处的器物可以被解读为不能分解或降低成效的自主实体。因此，举例来说，小到微生物、塔斯马尼亚虎、海洋中的缺氧区、塑料瓶，大到巨型集装箱船，所有这些都是器物。虽然本套丛书将器物限定为"人造制品"，但20世纪已经告诫我们，人类不能再自恋下去。其他器物并不依存于人类而存在。蜜蜂与农药、土壤与合成化肥、沼泽与甲烷、大气与二氧化碳，这些器物相互作用，而无需生物学家、化学工程师或大气科学家的直接参与；因此，本章不会对便携式物品、工具或技术强加任何界线。

　　"极端时代"是埃里克·霍布斯鲍姆（Eric Hobsbawm）赋予20世纪的代名词。表面看来，这个代名词寓意为惊讶与愤怒、胜利与悲戚、震惊与敬畏。它适用于成功，也适用于失败：社会变革，以及可怕的暴力事件和可怕的反人类罪行，所有这些人类的极端行为把这个世纪弄得分崩离析。"极端时代"也提出了这样一个问题：离中心最

1　例如，艺术评论家迈克尔·弗里德（Michael Fried）在《艺术与物体情境》一书中特别指出，物体情境是器物"占据一处位置"的能力。对弗里德来说，器物只不过是平庸单调的背景而已，而艺术在此基础之上得以升华。——原书注

远的是什么？在霍布斯鲍姆看来，20世纪以来世界关系的巨变意义深远，与之相比，战争和变革虽然可怕，但并不具有深远的历史意义。人口、高级动物和科技产物与日俱增，农村人口外流终结了欧洲和北美的农业社会，城市生活大迸发，避孕、预期寿命和健康状况不断变化，微生物被广泛应用，以及那些通过太空舱或其他器物将人类（和非人类）带到天空、运行轨道和其他行星体的反重力壮举。尽管如此，霍布斯鲍姆定义的短暂世纪（1914—1991）并没有结束。

到了20世纪的最后10年，人们逐渐意识到人类已经成为一个生物地质实体，其功效可以与海洋、火山、构造板块相提并论。与地球和谐共处的日子已经一去不复返了，人类物欲横流，妄自尊大，成为万物主宰。这种唯我独尊的行为无处不在，甚至波及未来，地球不再保持沉默。巨变的历史维度不止几年，二十几年，甚至达到上百年。这些变化结束了器物内的多重连续性及其以千年和万年为单位的迭代关系。

1900年之后，数以万亿计的器物登场，涌现出已知和未知的器物种类，带来的改变往往出乎意料。它们横空出世，不是变化的产物。金沙萨和刚果盆地不是因为变化而存在，而是因为存在而变化。正是在20世纪的器物及其相互作用中，新的器物脱颖而出并引发了一系列变化。大气中越来越多的二氧化碳被海洋吸收，造成了不利于鳕鱼幼虫和珊瑚礁的酸性环境，但在1916年燃烧褐煤的戈尔帕－兹绍尔涅维茨发电站投入运营时，这种影响并非不可避免。去年有35亿乘客乘飞机旅行，但这是莱特兄弟在小鹰镇取得成功时所不能预见的。飞机批量生产，战争激发工业生产中心的兴起，大大小小的技术改进以及持续更新，这些都促成了抗重力器物的兴起，比如全球客运和货运行业的旗舰船只。这里的"兴起"指的是作为器物的客机如何超越它的组件，定义自己的形态史。鉴于这些担忧，人们无法用线性或渐进的术语来描述1900—2020年这100多年的变迁。一些器物的影响力大于其他器物，由此引发的巨变需要我们以不同的方式界定20世纪以来的物体情境。

本章首先讨论关于材料特性的科学知识的更新，不是因为我想强调科学客观性的光芒，它的威力毋庸置疑，而是因为本套丛书的编辑要求我从这些角度进行论述。接下来，本章会讨论其他预设的主题：市场和货币的经济概念，客观性、物质和证据的哲学思想，改变物质世界的宗教观念，以及虚拟及非物质性的朴素解读。尽管这些内容话题不同，但也可以相互交融。本章选取的内容无法面面俱到，只能轻描淡写，点到为止。鉴于20世纪以来器物发展迅猛，这些描述往往差强人意。

材料特性的知识的转变

如果说科学是对无序内容的有序表述的话，那么20世纪就是一个持续"表述"的时代。从20世纪的无序开端开始，科学器物的涌现或多或少与以下因素有关：商业活动、政府和大学实验室的激增，全新或改良仪器的出现，更多的资金投入，美国专利申请数量呈爆炸式的增长，如雨后春笋般发表的期刊文章，以及科研人员不断提高的地位。[1]与大型工业生产的成熟器物相比，本书涉猎的器物或许

---

1 1910年，德国与英国的物理学家和化学家加起来可能只有8000人。20世纪80年代末，世界上从事研究和实验的科学家和工程师的人数估计达到了500万人左右。——原书注

仅仅在实际应用上略逊一筹。非膨胀玻璃,也叫"铅硼玻璃"(Nonex),于1908年面世,经重新设计后,于1915年被冠以"耐热玻璃"(Pyrex)的商品名而推向市场;1909年,科技取得重大突破,哈伯-博施(Haber-Bosch)工艺人工合成了氨,到了1913年,炸药和化肥投入商业应用;1913年,不锈钢问世,次年工艺成熟,推出了谢菲尔德餐具。氯丁橡胶和尼龙这两种材料科学的产品,被制作成橡胶软管和紧身裤。物理学的产物,包括粒子加速器和中子轰击铀,被制作成原子弹和核能(一种全新的能源体)。了解材料的特性只是科学研究的冰山一角;人类试图对一些器物加以全面阐释,例如,人类和其他物种基因组图谱的构建、大脑探秘、新处理器的创造以及人工智能的出现。然而,一旦这些器物被广泛应用,科学也无法控制它们的前进轨迹。

科学器物在日常生活中的普及,完全得益于其他器物的助力。"铅硼玻璃"在烤箱中的炸裂成就了"耐热玻璃"的问世;氨的合成只能在钢制反应器内,在100个大气压以上的极端压力下进行[1];不锈钢的生产需要两家谢菲尔德钢铁公司——布朗(Brown)和弗斯(Firth)——的合作,并专门建造一个带有平炉和电炉的研究实验室。

耐热玻璃炊具和不锈钢刀具销售之初,一些传染病,如流感、伤寒和肺结核,夺去了数千万人的生命。到了20世纪30年代和40年代,疫苗和抗生素的发展终结了长期以来病毒和微生物对人类和其他动物生命的威胁,并改进了多物种的微生物组防治微生物感染

1　人们应该注意到,德国无法从智利进口硝石,因此弗里茨·哈伯(Fritz Haber)和卡尔·博施(Carl Bosch)之间的合作成为必然。——原书注

的生态学方法。婴儿死亡率普遍下降。镇痛剂和麻醉剂是化学和药理学的产物，创造了无痛生活的奇迹。避孕药通过协助生殖生育而解放了性欲。20 世纪医学科学的贡献是无痛的生活、更长的寿命和对医学的新希冀。[1]生命质量的提升让许多科学器物变身为救世媒介。在广告和宣传的大肆宣扬下，科学界的永续创新[2]指引消费者期待下一个伟大创举。人们由此及彼，从获利的角度，重新发明、改进并变革旧器物。

1907 年之后，梳子、照相胶卷、电器组件、瓶子、房屋壁板、家具、食品包装和犬类排泄物装置全都被做成了塑料制品。随着20世纪40年代注塑机的大量普及，塑料制品的生产实现了机械化，不再需要人工锯切和抛光模具。20世纪30年代的化学家们乐观地以"塑料人"的愿景展望未来，生活中充盈着不易破损、色彩明亮且五颜六色的塑料制品。对消费者来说，这不仅仅是降低生活成本的问题。假象牙取代象牙，制成台球，减少了对大象的杀戮；同样，电木代替雌紫胶甲虫，用于生产电线护套。塑料既是万能的神奇材料，也是挽救无数动物、昆虫和植物生命的救世主。即使化学家有闲情雅致诵读赫西奥德（Hesiod）的诗作，他们也绝不会把自己和那个从青铜时代到铁器时代，再穿越到塑料时代的反派人物联系起来。

毫无疑问，塑料无处不在，无孔不入——从新艺术运动中的假

1　人类为此付出代价，医疗系统不断扩大，制药公司、医院、保健设施和疗养院比肩接踵，大量涌现。20世纪初，假设每个患者只有 1 名医生为其坐诊，那么到 20 世纪末就会有几十名专家为其诊断病情。——原书注

2　创新一词来自拉丁语 innovare，意为"更新"。Innovare 另外一个含义是"改变"，然而，很少有人认同这个词义。——原书注

象牙梳子到太平洋中部的聚乙烯和聚丙烯岛，再到南极朊病毒内的塑料颗粒和欧洲鲈鱼体内的微塑料（图1-1）。这些问题进入人们视野之时，这些物体（或生物体）中的塑料含量已达到过饱和程度。随着塑料袋、杯子、托盘或一次性塑料瓶的使用，问题层出不穷，成倍增长。最终，如何自动降解这些科学制品让人感到头疼。材料科学和化学不断衍生出新的聚合物和化合物，与此同时，环境科学开始研究如何应对它们的毒副作用。人们对塑料水瓶中内分泌干扰化合物以及微尘的解读，让寻常人家的日常用品受到广泛质疑。地质学家、海洋学家和生物化学家披露墨西哥湾缺氧区与伊利诺伊州、爱荷华州和密苏里州过度使用合成肥料息息相关，因此，哈伯-博

图1-1 漂移物质，挪威斯瓦尔霍尔特。佩拉·佩图尔斯多蒂尔与英加尔·菲根施乌（Tora Petursdottir and Ingar Figenschau）供图

施工艺成就的高产农业中受益的每个人都难辞其咎。然而，到了20世纪末，一切都变得扑朔迷离。不论盈亏，抑或进退，前途未卜，风雨飘摇。

在广岛和长崎落日的余晖中，人类主宰万物的梦想灰飞烟灭，随着理智受到谴责，梦想也被妄想取而代之。1945年以后，人类面对人为的灭顶之灾，但令人震惊的是，人类只关注到了自身面对的灾难，却很少有人意识到这些灾难对人类之外的环境和动物所造成的威胁。核武野心将环境和地球推入危险境地。从1957年开始，美国原子能委员会发起了"犁头计划"，试图通过核爆炸来重塑陆地和海洋。在众多通过核爆改造基础建设的计划中，代号"战车计划"的工程是在阿拉斯加汤普森角挖掘人工港口，这一计划至今仍未执行。仅仅因纽特人，几个地理学家、生物学家以及草根环境运动就阻止了它前进的脚步，他们宣称这一计划将对当地社区或北美驯鹿带来恶劣影响。

几十年后，原子弹才被视为"世界器物"（*objet-monde*），这个术语是米歇尔·赛瑞斯（Michel Serres）创造的，特指在空间、时间或功效上与地球对等的人工制品。原子弹"小男孩"和"胖子"的威力举世震惊。此后，核武器试验在不同地区进行——从哈萨克斯坦到新墨西哥再到南太平洋。至此，半衰期长达24000年的放射性核素所带来的阴霾笼罩全球。

以数万亿倍的速度迅速增加时，即使是日常器物也会威力无比。事实证明，泡沫聚苯乙烯十分坚韧，除非使用细菌应对发泡聚苯乙烯，否则它将永世留存，不会降解。钚和聚苯乙烯泡沫塑料都能在时间和空间范围内持久存在，不易降解，但人们还需了解它们其他超常规的特性。蒂姆·莫顿（Tim Morton）引入了"超器物"的概念来涵盖这些特征。钚和聚苯乙烯泡沫塑料混合后的特性包括：（1）熔融黏稠；（2）无偏聚均匀分布；（3）与它们产生的原材料完全不同；（4）性能超越原材料各自独立运用时。

20世纪已经让我们达成共识，在了解其他认知事物的方式之前，不要对"科学"妄下定义。无论是通过现象学（正如彼得·斯洛特戴克所言，"现象学专家为其形而上学的观点据理力争，认为观察性感知优于测量、计算和操作"）、设计思维（通过对以用户为中心的材料属性或效能问题的体验式研究，鼓励提升外观形态）或本体他异性（不认同实体是凌驾于其他存在形式的最高权威），我们都开始认识到反知识的重要性，并理解为什么科学，虽然必要，但不应该总是被赋予知识和历史优先权。

市场和货币的经济学概念

1900—2004年，全球人口不断增长（约等于此前从1—1900年的总和）。从20世纪初期到末期，即使保守估计，世界国内生产总值（GWP）也增长了约14倍。然而，对于居住在尼日利亚拉各斯市马可可水上贫民窟或巴西圣保罗贫民窟的人们来说，世界生产总值超过人口增长的速度并没有提高人们的生活质量；相反，它说明了财富分配极端不平等。因此，尽管在20世纪人们为实现更伟大的团结而奋斗，但财富差距现在已经远远超过了1900年那些被严重夸大的失衡。1900—2008年，城市居民比例从14%上升到50%以上。虽然在1900年，人们的足迹还没有到达北极，但到了20世纪末，商业航班往返于亚欧、南美和澳大利亚之间已成家常便饭。20世纪能源消耗量是1900年之前千年消耗量的10倍之多。这种持续增长的能量消耗基本依赖化石燃料的开发利用。[1]

在人口爆炸、距离消除和能量激增中，金钱、市场、商业和工作都发生了根本性的变化。货币是每笔交易的公分母，它从显示白银重量的硬币（自克洛伊索斯时代以来一直如此），演变成通过电子以太衍生成无限金额的二进制代码。在市场经济下，人们利欲熏心，打着进步的幌子，追逐持续增长和不断扩张。商业转换为全新的地域模式，这种模式依赖源源不断的能源供应，保持畅通的供给渠道，通过快捷的物流服务跨越距离的藩篱。只要人们不墨守成规，便可海阔天空，有无限的工作选择。我们暂且不讨论货币和市场的概念，先来谈一下20世纪经济变革的四个影响因素——集装箱、汽车、农场和家庭。

集装箱，一个移动的储藏室，为全球商业和重工业带来了深远的变革。1956年以前，制造基地大多坐落在本地；中国尚未崛起成为制造强国。1956年以后，从伦敦到纽约再到东京，曾经繁荣的海滨和仓库区迅速衰落；随着新的集装箱船取代旧货船，旧货船成为历史；运输成本急剧下降，码头工人和商船船员的工作岗位也急剧减少。船舶、水手、货物和港口之间的循环链曾一度风光无限，远非蒸汽机所能企及。[2]由于运输成本降低，美国和欧洲的纺织厂、钢

---

1 20世纪初，J.R. 麦克尼尔（J. R. McNeill）风趣地说道，化石燃料"几乎一文不值"；而到20世纪末，几乎任何物质都经历过煤炭、石油或天然气的洗礼。——原书注

2 启程前往澳洲之前，货船在欧洲的停靠港不再多次停留。人类不再像自欧洲青铜时代以来那样，用人力将货物逐一吊入和吊出船舱。——原书注

铁厂和其他工厂纷纷关闭，厂址转移到劳动力廉价的地区。[1]距离不再是考虑因素，新的全球供应链成为组装产品的坚强后盾，产品包罗万象，小到芭比娃娃，大到汽车；器物的组件来自全球不同地方。

汽车及其基础设施全面升级，随后主导了人们的生活——从城市、家庭、土地到环境。安装在金属和塑料底盘中的内燃机在柏油公路上疾驰飞奔，重新界定了工业、农业和职业。到了世纪之末，遍布全球的公路网将城市和郊区融为一体，公路网向四面八方延伸达6500万千米。敞篷马车或带顶篷的轻便马车退出历史舞台，取而代之的是封闭舒适的空调轿厢，有立体声环绕，有支撑功能的座椅，汽车带给乘客的不仅是速度和不竭的动力，更有独享空间和无比舒适的自由。交通的快捷给人类活动带来全新的体验，并对心理产生了深远的影响，因为汽车给人类的欲望插上了翅膀，任何梦寐以求的地点都可以快速抵达。尽管交通拥堵，而且人们因车祸死伤惨重，即便加利福尼亚人梦想在迪拜使用超级高铁（一种高速运输方式，吊舱在密封的真空管内运行）和飞行汽车，马歇尔·麦克卢汉（Marshall McLuhan）对汽车即将过时的预言也尚未变成现实。[2]到20世纪末，汽车数量的快速增长说明这些器物势不可挡，大获全胜（图1-2）。截至2016年，汽车数量的增长已经开始与人口增速势均

1　20世纪60年代，缝纫机走进了美国的千家万户（中产阶级），劳力市场女性的选择机会越来越多。在此背景下，廉价蓝色工装如何影响缝纫机的销量，人们不得而知。——原书注

2　最终目标是无人驾驶汽车，安逸舒适，乘坐人员均为乘客。当然，这种汽车仍沿用新石器时代技术，即四轮两轴，并采用过时的标准马力作为动力的衡量标准。——原书注

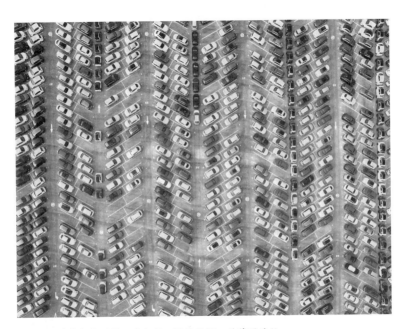

图1-2 停车场鸟瞰图。奥尔邦·阿里拍摄,盖蒂图片社

力敌，不相上下。[1]

　　小型农场日渐萎缩，因为农民和他们的子孙抛家舍业，拥入城镇，加速了城市人口增长。20世纪最根本的变化之一就是大多数人放弃了农耕生活方式。1900—2000年，欧洲和北美以农业为生的人口比例从近1/2下降到不足1/50。[2]随着农业人口的流失，人们逃离往昔劳作的艰辛，获得了充分的自由。此后，价值观念形成的方式也发生了变革，不再是缺衣少粮下的努力打拼，而是极度丰盈下的生活日常。文化的定义也发生了变化，由物资短缺和生活压力转变为物资过剩和怡然自得，这要归功于化石燃料的利用和技术器物的发明。随着农村人口迁移到城市，工作激励和职业选择的数量成倍增长[3]，这也许与金融和生态问题的数量成正比；从法国南部到美国北卡罗来纳州东部，城市中心发展迅猛，城郊日益贫困，城乡差距不断扩大。[4]整个20世纪以来，"创造性的破坏"持续席卷全球，但资本主义却对创造附带的损害视而不见。

1　2016年近9500万辆汽车上市，包括轿车和商务车，而全球人口增加了近8400万。当然，汽车数量的统计口径略有不同，并没有像人口统计那样考虑人口自然减员因素。——原书注

2　1900年，美国有41%的人口从事农业，而到了2000年，这一比例下降到1.9%。赛瑞斯也引用了这个数字。在欧洲，从事农业的人口数量因国而异，具体数字详见欧盟统计局网站。值得一提的是，英格兰早就经历了这些变化。——原书注

3　从积极的角度来看，女性的加入增加了劳动力队伍的创造力和多元化，同时改变了工作生态环境。——原书注

4　人类被迫让出腐殖质土地，不仅如此，这场非农耕生计的巨变也将与人类朝夕相处的动物卷入其中。它们的生存似乎成了问题，这从根本上改变了人类的生存。——原书注

如果只是给过于简单的形象增添一点儿情节剧的色彩，人们可能会断言，资本主义武断暴力，有悖于农耕社会的生存方式。在过去60年的时间里，差不多三代人的光景，农耕模式发生了转变，以北卡罗来纳州东部乡村为例，在成百上千的农民中，一个农民带着几头骡子，耕种40英亩[1]土地，到后来，他能够和8名全职农民一起，开着空调拖拉机，耕种3400英亩的土地。20世纪见证了农业生产的进步，以前依靠大量投入人力，后来虽然减少了人力，却提高了产值，这是通过大量使用配备圆盘耙的拖拉机、带有空调驾驶室的联合收割机，建设灌溉设备和存储设施实现的。正如旧的农业用地要么被以单一种植为主的新型工业化农业所改造，要么在不断扩张的郊区和购物中心的冲击下被摧毁，要么被放任自流，不断扩大的粮食生产占据了原始土地、高地牧区、森林、丛林，甚至是水产养殖的旧渔场。到2000年，地球陆地表面的35%~40%开始用于粮食生产。古老的生存经济让位于新时代的货币经济。

　　即使我们继续使用巴比伦人的7天工作制，随着季节性越来越失去以前的含义，"年"也发生了变化。从索和区（SoHo）到圣地亚哥，人们一年四季都可以在出售挪威帝王蟹（20世纪60年代和70年代，将堪察加拟石蟹引入俄罗斯穆尔曼海岸之前，还没有挪威帝王蟹）的摊点旁找到阿拉斯加三文鱼。从马里布到迈阿密，华盛顿州种植的富士苹果堆放在来自智利的汤普森无籽葡萄旁边（这是20世纪60年代和70年代政府激励措施的产物）。[2]对大多数人来说，曾经的肉类仅能

1　1英亩 ≈ 0.4047公顷。——编者注

2　日益增加的食物里程（从农田到仓储地、包装中心再到消费地的距离）消耗了更多的能源，产生了更多的二氧化碳。——原书注

在季节性宰杀饲养动物时出售，如今，宰杀后按照部位进行切割，然后用塑料或泡沫塑料包装，在超市的冰柜里出售（事实上，这种非季节性的出售方式得益于人工冷冻环境和"最佳保质期"的冷藏管理）。此后，饲养人员不再把动物的死亡视为其生命的终结；相反，死亡只不过是分装线上的一站，它们的终点是塑封的肉类食品。

住房已经被改造为住宅区。一个世纪前，密西西比州家庭的供暖主要依靠燃烧木头或煤块的炉子或壁炉。夏天避暑依靠前廊的树荫或两扇纱门之间的穿堂风。隔板屋通风情况随季节变化而变化，充满了各种微生物的味道，这些味道来自家养的马、骡、牛、鸡、山羊和猪。人们用吊桶打水，或用水泵从井里抽水。人们切割、晒干或切碎木头，并定期把煤块从外面搬进来。当地种植的蔬菜被制成罐头。肉被腌渍起来。人们把一些动物当作农耕伙伴来饲养，除非季节需求和食物短缺才会加以屠宰。小路的尽头是一个附属建筑，里面有西尔斯罗巴克产品目录或上周日的报纸，人们在这里可以看到暂缓工作的告示。这种临时场所并没有完全封闭。现在的建筑室内通电、光线充足、装备空调、设置多个隔间，配备带数字显示屏的恒温器，通过指尖操纵即可达到最佳状态，屋内始终保持恒温，舒适宜人。所有操作都简单易行，比如室内供暖和制冷、加热和冷冻食物、冷热水手柄以及浴室马桶上的按钮或把手，一键操作，省时省力，安全舒适，远离烦扰。作为器物，房屋成为舒适的载体、带收音机和电视机的娱乐中心、提供无限消费的大型储藏室、使用电话通信的枢纽（现在是手机，可随身携带）、装有门锁和警报装置的栖身之所，人们可以在这里安放财产，活动和睡觉。密西西比州的一所现代的房屋可能是各地物品的集合，木材来自蒙大拿州和俄勒冈州生长的树木，玻璃纤维绝缘材料来自佐治亚州，俄克拉荷马州石膏制成的泥板墙、加拿大的花岗岩台面和印度的石砖。

在 20 世纪，器物在日益全球化的现代文明中激增，现代文明的灯塔高高竖起，指引着四重优雅的神圣殿堂，即经济营利能力、科学客观性、技术效率和法律形式主义。与现代不合时宜的事物都被摒弃。对于傅拉瑟·弗鲁萨（Vilem Flusser）而言，在人类将车轴和轮子安装到住宅的那一刻起，后者就已被历史尘封，因为活动房屋标志了人类和农业基础一刀两断。[1]人类生活发生了翻天覆地的变化，越来越多的工作实现了非人工操作，人们有更多的休闲时间可以尽享室内生活，他们不用再面朝黄土背朝天，整日在田间耕耘，等待作物发芽，储存种子；他们不再风吹雨淋，也不用按照季节劳作；至此，8000 年以来的那种生活方式已经走到了尽头。8000 年以来，人类一直忙于储存、备种，将动物视为劳动伙伴和宝贵财产，并且与土地和耕地工具相依为伴，生产物质资料。这种翻天覆地的变化撼动了我们期许未来的信心，让我们对任何预言都望而却步。

客观性的哲学思想

埃德蒙·胡塞尔（Edmund Husserl）在 20 世纪初宣称"我们的未来是美好的"，这是后来成为现象学口头禅"回到事物本身"的第一次发声。胡塞尔问道，器物如何为人类意识"构成自身"？面对一个被毁坏的农舍，观察者把它视为器物的唯一方法是摒弃他们

1　然而，弗鲁萨缺乏历史意识，让人无法原谅。他忽视了活动房屋或上锁牢笼的存在，特权阶级将异化劳动者关入其中，然后从一个庄园转移到另一个庄园。——原书注

可能持有的关于这个废墟的任何信念、理论或概念，并将其与它所在的杂草丛生的地域分隔开来。这个"分隔"就是现象学时代（epoché）。通过将坍塌的结构与其他器物分隔，观察者可以将其所有特质定义为一个独立存在的实体，而不是人们不同视角的问题。对于失业的码头工人、负债累累的农民或城市时尚人士来说，昔日的农舍不过是摇摇欲坠的板房。在众人眼中，那座破房子没有任何人类活动迹象；胡塞尔关心的问题是，作为器物，在人们众说纷纭（科学的或悖论的）对其进行曲解之前，这座农舍如何让对旧宅有感情的对话者为之动容。

　　对于胡塞尔而言，被破坏的农舍首先是一种现象，这种现象对观察者来说显而易见。[1]把现象[2]看作破旧农舍存在的理由，对人类观察者来说，就是把器物简化为表象。正如胡塞尔的得意门生马丁·海德格尔（Martin Heidegger）所言，这个命题的第一个错误是，只要器物以它的存在为基础，以它在阳光下的外观为基础，就不能透过现象看到本质。第二个错误（也是海德格尔指出的）在于没有绝对

1　与胡塞尔一样，亚历克修斯·迈农（Alexius Meinong）也是弗朗兹·布伦塔诺（Franz Brentano）的学生，他于1904年发表了《器物理论》（Über Gegenstandstheorie）。迈农（Meinong）认为。器物是任何可以被体验的实体，无论是直接的物理接触还是头脑中的灵光闪现。伯特兰·罗素（Bertrand Russell）对此提出了批评。尽管如此，迈农的"器物理论"却因其新颖独特的本体论而显得与众不同。仅仅由于"无"（nonbeing）就否认器物的存在，迈农对此并不认同，换句话说，他认为肉眼可见的方孔和不存在的圆形方块同样都是器物。——原书注

2　"现象"的拉丁文和希腊文的前身——phaenomenon and φαινομενον——具有带到光明之中或显现之意。现象一词的词根为 phaeno 或 phaino，与揭示、披露、公布、澄清及告知等行为有关；有鉴于此，该词才有了被动显现出来之意。——原书注

的观察者或纯粹的意识。胡塞尔未能公正地处理观点的差异。对于古董收藏家而言，破败的农舍是潜在的宝藏。对我来说，这是我祖父母的故居，我父亲在那里长大，从咿呀学语到蹒跚学步。不论是对嗅觉灵敏的寻宝者还是古屋的后人，农舍的意义都迥然不同，意义非凡。

海德格尔认为，即使在使用器物之时，我们也不怎么把它们当回事。[1]事实上，大多数人都曾多次路过我祖父母布满野藤的旧居废墟，却对它熟视无睹。当他们沿着北卡罗来纳州79号高速公路行驶时，有些器物在默默地为他们保驾护航，灵敏的方向盘、性能良好的发动机、充盈的轮胎和平坦的柏油路面，他们在风驰电掣之时，却完全没有注意到这些器物。因此，破败的农舍、汽车和79号高速公路不是当前在手之物（present-to-hand, *vorhanden*），而是上手之物（ready-to-hand, *zuhanden*）。坑坑洼洼的路面才能让我们关注道路，抛锚才能让人们关注汽车，或者坍塌的屋顶方能引起熟人对农舍的关注，但正是器物的唾手可得（上手之物的特性）与世间其他不起眼器物的融合交织，才构成了世界的本来面目。

真实的经历也让亨利·柏格森（Henry Bergson）着迷。起初，根据柏格森的说法，器物本身并不是独立的个体，而是表现为一个"特征体系"，其最重要的属性是"颜色"和"阻力"。对柏格森来说，看裸露的门框、破损的车床和旧屋内脱落的石膏板，就是遵循相交相融的本真色彩。触摸腐烂的松木、潮湿的木板或发霉的石膏

---

1 "器物"（*Gegenstand*），对海德格尔来说，具有鄙夷不屑的含义；他更青睐"事物"（*Ding*）的概念。——原书注

板磨损的边角，就是在找寻材料的延展性，"而不会遇到真正的干扰"。因此，在原始经验的层面上，人们面临着一种"移动的连续性"，在这种连续性中，永恒和变化没有分离，它们是其中的一部分。对于一个人来说，在身体中呈现持久性，在同质运动中呈现动态，就是借助于一个不连续的人造世界；这些图像是从真实存在的世界中剥离出来的。事实上，对于柏格森来说，没有世间器物，任何图像都不会存在。

胡塞尔赞成笛卡尔的理论，认为主体和客体相对而存；而海德格尔认为人类与其他物体共存，只不过，人类有些许特权。海德格尔持续关注存在，人类与其他事物的相互性削弱了存在，白蚁、葛根或野猫损毁的农舍不会令他忧心忡忡。[1]在对我们和世界事物的表征之间，柏格森假设了实像（images），这些实像本身就是"无数振动"（ebranlements sans nombre）的选择，"所有这些都以不间断的连续性连接在一起"。柏格森观点的独创性在于，它如何将二元性或对立性简单地认定为混合、异质的物力论，以及相对于"纯粹状态"的绵延，它如何将自我实体简化为永远生成的、不可分割的状态。

在《过程与现实》（*Process and Reality*）一书中，怀特海（Whitehead）写了这样的名句："没有任何东西会凭空飘到这个世界上"，因为"现实世界中的一切都与某个实际存在的实体相关"。这本书的出版时间仅比《存在与时代》（*Sein und Zeit*）晚了两年。怀特海凭借他的"本体论原则"断言，农舍作为真实的

1　此处，人们可以继续参照梅洛－庞蒂（Merleau-Ponty）、列维纳斯（Levinas）和林吉斯（Lingis）的现象学传统学说。——原书注

实体，一定可以从中寻找到其破败的缘由，这种缘由并非柏格森所谓的潜在物力论。必须将农舍破损的原因作为一个真实的实体在其中寻找，而不是像柏格森那样寻找某种所谓的潜在物力论。摇摇欲坠的石膏、湿透的车床、雨滴等所有现实中的实体都是它们存在的参与者。对于"实际实体"，怀特海指的是真实（res verae）；也就是说，器物在其最完整意义上的具体存在。对于怀特海来说，作为一个真实的实体，脱离霉菌、葛根、腐烂的奶仓或作为观察者的我，破败的农舍就无法存在，因为那样会产生一个"真空的现实"：农舍孤立存在，与其他任何实体没有任何关联。

破败的农舍在古董收藏家的造访中，在白蚁和固氮微生物群落的侵蚀下，或是在暴雨的洗礼中，不断地被重建和修缮，因此它的际遇被蒙上了万劫不复和推陈出新的色彩。尽管实际实体非常重要，但怀特海将它们完全短暂的特征与普遍的永恒的器物进行了对比。永恒的器物并不以实际的实体为前提，但它们仍然提供了一种常见的、原始的永久性，类似于柏拉图形式，这种形式总是具有"侵入"成为旧农舍或其前居住者的潜力。永恒器物带来的主要困境是，如果不求助于更有特权的实体，犁和田地、高速公路和汽车就无法进行关联。格雷厄姆·哈曼（Graham Harman）把它归因为与布鲁诺·拉图尔哲学形成对比的主要观点，布鲁诺·拉图尔哲学在其他方面大量借鉴了怀特海的观点。

与怀特海一样，拉图尔绕过自然界的分歧，进入了一个可证实的、有主要特性的客观领域和一个感官的、有次要特性的主观领域。人们无法预知被毁坏的农舍是否比子孙对现存建筑的童年记忆的联想更真实。拉图尔展示的不是一个具体器物与透明关系的世界，而是一种形而上学，其中每个实体都同样是行动者。正如看到我父亲蹒跚学步时骑在三轮车上的一张照片（图1-3），就会让人对破旧农舍产生不同的观感，古董商在和房主接触过程中，旧奶仓里的一辆马车也会让他为之所动。如果某事可以"通过制造差别而改变事物状态"，那么它就是一个行动者。

对于拉图尔来说，关于器物的事实肯定是虚构的，但从物质世界到科学文本没有直通车。如果要对被毁的农场进行考古研究，那就要兼顾在漫长的转变过程中，留存器物的具化实体及负载的文本特质。在一个项目的考古过程中，砖墩、木梁、腐烂的地板、沾满泥土的工具、废弃的瓶子或破烂的织物碎片，这些器物对于期望找到档案、收藏品，亦或书籍或文章碎片的人来说，都意义非凡。描述20世纪50年代以后废弃的农舍及其故事，不能剥离它存在的物质世界。相反，在实地考察和实验室研究过程中，需要借助档案和人工制品的对比数据，通过笔记本、标签、清单、目录、文章和正在定义器物之间的循环参考链来填补存在的空白。

在拉图尔的行动者形而上学中，看似最微不足道的器物可能在阐述中发挥作用，但它总是在与其他器物的交互过程中发生转变。因此，行动者是怀特海方式中的事件，通过与其他行动者的关系不断地被改造。这种观点相对于器物的缺点是，人们会以牺牲器物本身的特殊性为代价，过分强调关系。就好像一个空奶瓶的作用比它是什么更重要。尽管如此，拉图尔本人还是通过运用他自己的广义对称性原理来解决这个难题，以免事先笃定一个器物的关系是否应该高于它自己的存在。

在结束本节时，值得一提的是，这种广义对称性构成了哈曼所

图1-3　1947年左右，作者的父亲在旧农场的前院蹒跚学步。凯蒂·威特莫尔供图

谓的物导向本体论的前进方向。[1]利用两种截然相反的哲学传统，即现象学和过程关系（或他所谓的"偶因论者"）哲学，物导向本体论倡导关于器物的两个基本原则。首先，从富饶的沙滩地到固氮细菌，从北卡罗来纳州到信使神赫尔墨斯（*Hermes*），各种形状和大小不一的单个器物都是宇宙的终极物质。其次，这些器物永远不会因与任何其他器物的相互作用而耗尽，即使它们被放入盐中、浸没在溴化砷试管里、经历9级地震或备受质疑。器物在它们的关联中保留了特性——总有充盈之物未被交互利用。照片不仅仅局限于效果；基础也不仅仅局限于形式；木制谷仓比原材料更有价值，被毁的农舍比记忆更重要。在不降低其属性、性质、行为或效果的前提下，侧重器物的某方面，就是尊重其充盈的现实，并保持其存在的丰富性。因此，人们可以间接购买或使用破败农舍中的众多器物，因为它们的价值永远无法被描述。

实质和证据

1901年，古格里莫·马可尼（Guglielmo Marconi）利用一个巨大的发射天线和一个带有临时风筝悬挂天线的接收器，横跨了2200英里[2]的距离，实现了从英国康沃尔郡普洛杜（Plodhu，Cornwall）广播电台到加拿大纽芬兰信号山（Signal Hill，Newfoundland）之

1　主张物导向本体论（OOO）的还有几位大师级人物，如特里斯坦·加西亚（Tristan Garcia）、李维·布莱恩特（Levi Bryant）和伊恩·博格斯特（Ian Bogost）。——原书注

2　1英里 ≈ 1.6093 公里。——编者注

间的无线电通信。[1] 1909年，通过苏伊士运河在悉尼和伦敦之间旅行大约需要45天；2000年，通过希思罗机场只需要不到23个小时。[2] 1928年，在纽约哈茨代尔（Hartsdale），人们通过一个名为电视机的黑匣子，观看一对男女在伦敦实验室的"电眼"前摇头晃脑；视觉和声音的动力耦合横跨大西洋。无线电、电话机、航空旅行和电视机让地理距离颜面无存，并产生了全新的地理观，其特点是距离缩短、速度变快。[3] 这些变化也是基本的。1903年以后，"海洋航行者"和"陆地行者"应用于点对点运输，"空中飞人"翱翔天际，以前，这是鸟儿、飞马骑士和在雾霭中驰骋在战车上的神祇们的专属领地。对于彼得·斯洛特戴克来说，全球人类亚群中的另一个决定性事件是"摆脱万有引力的教条主义"，延伸到我们的外行星愿望。人类历史上有过好多第一次，但1967年的第一张地球全景彩色照片是我们自我认知的高光时刻。

然而，受移动性和半游牧生活的影响，固定的基础设施数量激增。截至2016年，固定线路连接了约10亿部电话机；由大量信号塔和基站收发器组成的全球化通信网络可以支持70多亿部手机；成千上万的飞机在近42000个机场起降，其中大部分是在第二次世界大

1　1858年，跨大西洋电报电缆传输首次将伦敦和华盛顿特区之间的距离缩短到17小时40分钟。——原书注

2　基于"SS 奥斯特尔雷"（the *SS Osterley*）号每小时18海里（1海里 ≈ 1.852公里）的速度。——原书注

3　对于保罗·威瑞里奥（Paul Virilio）来说，这种空间的消弭就是社会活动的结果。时间占据了首要地位，而速度却催生了空间、大气以及人类的污染。——原书注

战后建造的铺砌地面的机场。同年，超过3.1亿个20英尺[1]长的集装箱通过世界上最大的20个港口运输。最小的港口位于加利福尼亚州长滩，包括近1300公顷的混凝土浇筑地面，超过100千米的硬化滨水区，还有防波堤、航运码头、泊位。[2]（图1-4）高层建筑、道路、交通枢纽、桥梁、停车场，这些越建越多的固定设施成就了城市的扩张，它们都是混凝土堆砌的产物。在过去的20年里，一半以上的混凝土用于搅拌、浇筑和凝固，仅2014年就生产了43亿吨混凝土。[3]基础设施的器物成倍增长，影响深远，并拓展了与其他器物的联系，

图1-4　长岛港鸟瞰图。卡梅伦·戴维森拍摄，盖蒂图片社

1　1英尺＝0.3048米。——编者注

2　交通基础设施数据来自美国中央情报局世界概况在线资源。——原书注

3　数据来自欧洲水泥协会。——原书注

产生令人震撼的碰撞。混凝土水坝重塑了山谷，改造了河流，提高了地下水位。混凝土产生的二氧化碳在全球二氧化碳排放量中所占的比例也超过了其应有的份额。

在推陈出新的技艺上，这个世纪可谓空前绝后。护堤两岸的麦田，如今已是混凝土公寓楼；曾经桃李芬芳的果园，摇身一变，成了企业总部；从雅典和巴勒莫（那里的景观可以追溯到新石器时代）到洛杉矶和旧金山湾，一座座城市的基础设施纷纷建成，取其精华，吸收食物、能源和信息；去其糟粕，排放废物和垃圾。对于马歇尔·麦克卢汉来说，高速公路是扭转农业社会古老作业模式的基础，城市不再是休闲中心，乡村也不再是所有劳作的中心。麦克卢汉的夸张暗示了前景和背景的转换，这种情况随处可见。风格一致、标准统一和分布规则充斥着城市的各个角落，如整齐划一的电网、精确划定的道路，甚至混凝土人行道和可以复制的结构形式。（图1-5）同类商铺和连锁饭店，出售的品牌服装、电子产品和食物都千篇一律。马克·奥格（Marc Augé）使用非地（Non-lieux）这个术语，指代与地方特色格格不入、标新立异的场所。

地球上或近地轨道周围的任何地方都没有受到超人类不当行为的影响，随之而来的是人们越来越意识到20世纪和21世纪的生活方式出了问题；我们的基础设施、我们的技术和我们的生活方式都与产生可怕后果的"地质怪物"联系在一起。今天，所有人类的日常生活都可以与"超级怪物"联系起来。开车去超市取牛奶或往壁炉里再扔一根木头时，人们再也不能像以往那样无所顾忌了。我们庞大、臃肿、富裕的社会已经变得风雨飘摇。超级怪物越来越庞大，越来越密集，利用人造器物重塑和管理这个世界才是唯一的出路。

图1-5　中国香港的住宅建筑。照片来源：尼卡德拍摄，盖蒂图片社

改变我们的生活方式不是事后诸葛亮。当我们想要拉近和外部世界的距离时，我们却与之渐行渐远，这真是令人匪夷所思，极具讽刺意味。

尽管如此，这些不间断的进步和不懈的发展都遵循线性和替代过程（supersessive），与过去彻底决裂。人们把马达安装在所有想象得到的工具上，从牙钻到电动树篱修剪器，还有锤子和手锯。即使盟军对德国的轰炸止于1945年，英国投放的炸弹仍迫使法兰克福的官员们疏散70000名居民。即使苏联在1991年解体，从科拉半岛（Kola Peninsula）到堪察加半岛（Kamchatka），苏联时代的建筑仍傲然屹立，风采独具，放眼未来，远远超出设计师的本意，潜移默化地影响着他人。这种影响不仅是物质层面的，也是形式上的。在希腊古城阿尔戈斯（Argos）的路面上，仍可以看到隐于两米厚积层下的古希腊风格的道路痕迹。

一个世纪以来，人们形成了一种意识，即人们不应与到处堆积的最新物品和过时器物脱节。无论是办公室还是配饰生活，迭代更新淘汰了大量器物——如阴极射线管电视、计算机显示器、VHS播放器、卡带、立体声音响、传真机——即使我们通过回收计划寻求慰藉。在信息爆炸的红利下，是大量过时媒介的损耗——从唱片到磁带，再到磁盘，从35毫米胶片到迷你DV和数码相机，满墙的CD被塞进阁楼或空房间的盒子里。与此同时，诺曼底战役时人们耳熟能详的器物如今已鲜为人知。过去农耕生活的废弃工具（犁头、马车梁、颈轭）挂在腐烂的谷仓或古董店的墙上，沦为乡村庭院装饰，或堆放在博物馆中供人参观。尽管在20世纪50年之前的数千年中，大多数人都对它们的功能有或多或少的了解，但现在很少有人知道它们的名称，更不用说它们的用途了。

怀特海将现代视为"圣地"，因为在包容一切的同时，它也是过去和未来。现代是一个集合，是历史沉积下的器物的积累和聚合，如19世纪的铁路和由波纹铁制成的棚户区以及罗马的成就——混凝土或连接欧洲道路系统的公共道路（*viae publicae*）。我们的时代也表现出非凡的多时代性，表明我们一些骇人的图谋将如何作为考古器物长久存在。第二次世界大战期间排放的二氧化碳尚未被我们日益贫乏和酸性的海洋或陆地生物圈完全吸收；有些将持续存在，并通过与碳酸钙和火成岩的化学反应继续消散。如果器物超越了与其他器物的关联，那么它们能够成为什么将会超出预期，变得无法控制。

这确实是一个"极端时代"。这是一个充满希望和医疗奇迹、娱乐和休闲、无处不在和常规化的破坏、大量开采资源和使用能源的时代。大屠杀和纳粹迫害夺去了超过1850万人的生命,随后在柬埔寨和卢旺达发生的种族灭绝又夺去了数百万人的生命。人类为此付出代价——生命陨落、生物多样性降低、传统社会和语言消失、居所损毁。

强烈的保护需求看似抵消了疯狂的破坏,博物馆和古迹数量也在激增。但人类在不同时代的丰功伟业仍让世界警钟长鸣,危机四伏。

虚拟及非物质性的朴素解读

有人说"数字媒体不会偶然幸存"。线性A(Linear A)也不会。数字媒体和模拟媒体从根本上迥然不同,如果这种假设经得起检验,那是因为新媒体的组成——离散的像素阵列、数字表达、源代码、可操作性和其他所谓的"软"品质,有别于所有早期媒体形式,这些是新媒体的硬核物质品质。然而,并不是说模拟媒体会因其物质基础而经久不衰,而数字媒体则不会;虽然线性A没有幸存下来,但已有40年历史的MOS6502微处理器已经被重组并处理信息。[1]一旦完全脱离其原始环境,任何媒体的内容都会被遗忘,如果真有可能的话,需要借助其他器物和劳动来恢复这种意义。

物体情境不应与存在或物质混淆。吃豆人(Pacman)、埃及法老、新石器时代的农民、锤子、霍比特人、三峡大坝、永久冻土、

---

1 这就是哈曼所说的"分类学谬误"的一个例子。关于MOS6502的重组,见斯瓦米纳森(Swaminathan)著作。——原书注

北极、《龙与地下城》、砖块、切尔诺贝利、书籍、VR眼镜（Oculus Rift）和我的世界（Minecraft）同样都是器物。将器物与其特性混为一谈的人习惯性地排斥这种想法（虚拟的和非物质的），与之不同的是，本章的最后一节将深入探讨新器物种类的激增，数字的和智能的，人类的和非人类的，以及它们对未来的影响。理解这种激增需要稍微偏离新技术的两个不断变化的人为维度：操作和认知。

在过去五代的时间里，手动工具界面的操作方式大体上经过了这样的变化，从手柄到开关，再到按钮，到触摸屏。可以说，经过人类进化的漫长岁月，手的活动范围突然发生了变化，以前需要全掌紧握（不用在意如下事实：在启动运动过程中，动力已经从手臂转移到了手），现在只需动下手指，最终，指尖的触碰就可以毫不费力地实现所有目标（同时保留了19世纪QWERTY键盘配置以及其他选项）。不难想象，这些过程会慢慢地从工作中去掉人工化。

对于霍布斯鲍姆来说，"去掉人工化"的典型例证是1990年左右的超市收银台。除了店员可以用条形码扫描仪读取货物信息、识别当地货币面值外，余下的事都交给了销售点（POS）系统——该系统将货品列表，并计算总数和需要找回的零钱。终端用户（零食业销售员）不用掌握任何基础技术，他们除了监控之外，正逐渐从自动结账系统脱身。这一思路让人想起安德烈·拉洛里－戈汉（André Leroi-Gourhan）和马歇尔·麦克卢汉，他们都根据外化过程，想象了人类借助工具和媒介的进化。

短板的改进，如石质或金属假牙可以改良门牙，锤石能够延长手的功能；如同书面文字增强记忆力一样，处理器改善了人类大脑皮层。[1]以人为中心，外化理论将假牙或锤石的特性归入门牙或手的特质。与霍布斯鲍姆的售货员例子相反，拉洛里－戈汉和麦克卢汉认为，人的身体、记忆力和智力随着新技术器物的出现而发生变化，如阿舍利手斧、楔形文字泥板和电视机等。尽管如此，外化的概念并非对所有器物一视同仁，拉洛里－戈汉和麦克卢汉都没有将随着技术进步的人类进化看成一种内化进程。人类进化中的每一次重大变革都源自两个独立器物的整合（人类和书面文本、售货员和电脑结账），这两个独立器物被内化为一个新的（复合）对象。[2]这些变化不是循序渐进的；它们是突如其来的，并在相对稳定的时期不受任何影响。

为了进一步定位新技术条件的认知维度，让我们概述一下记忆器物的本质。两千多年来，对使用者来说，书籍这种媒介体积小、容量大，便于携带，阅读方便。任何熟悉早期卷轴的人都明白这一点。早期卷轴比口头诗学媒介的信息量大，口头诗学具有模式化的韵律和节奏。[3]一本页数达100对开页或200页、宽度为15厘米的书籍或手抄本，其信息量相当于长、高均为30米的卷轴。尽管手抄本和卷轴都包含了《伊利亚特》（*Iliad*）的15693行，但即使按卷轴上的列形式来组织文本，其评估方式也不相同。你可以坐在椅子上浏

---

1 马歇尔·麦克卢汉认为，"任何发明或技术都是我们身体的自我放大，无限延伸，而这种延伸也要求构建身体其他器官以及各种延伸比例与平衡"。——原书注

2 这个过程类似于哈曼基于林恩·马古利斯（Lynn Margulis）研究基础上所说的"共生现象"。——原书注

3 关于口头媒介，见麦克卢汉。——原书注

览一本书，而不是在桌子上将页码全部摊开；你也可以从第2本书直接跳读到第10本书，省去中间所有内容。从打孔卡、各种形式的磁带和磁盘存储器，到如今，1TB的闪存驱动器就可以存储1250000本200页的书籍或37500000米长的卷轴，这个闪存驱动器体积小，小孩儿一只手都抓得过来。[1]此外，闪存信息排列方式多样——页面或连续翻屏，并可采取多种方式输出——多屏显示或纸质打印。

书籍和卷轴需要归档保存。在印刷机出现之前，这样的存储库相对较少，访问也受到严格控制。尽管印刷机让人们有更多的机会接触原创作品，但保存100万种或更多的书籍仍然需要一个庞大的图书馆。相比之下，只要能上网，就可以访问闪存驱动器里的信息。曾经必须集中保存、实地查阅、访问受限的内容，如今传播广泛，访问便捷。以前费时费力查找文献，如今通过搜索引擎便可即刻获取信息；以前需要百般努力才能记住的知识（印刷机发明之前尤是），现在被存储在网页上，通过无数的界面、手持设备和其他方式永久保存。

内化了这些器物的属性后，新的人类无处不在，但我们还没有找到对这个新兴世界的清晰理解。这些翻天覆地和无处不在的变化发生在办公楼、图书馆、旅行社、音像店、电话推销员、快递员和QWERTY键盘等坚如磐石的基础上，这无助于预测未来。[2]这些新器

---

1 根据经验法则，1TB相当于2.5亿页（一个12号字体、单倍行距的文本文件需要4KB）。——原书注

2 任何媒介的内容不都是以前的媒介吗？通过电脑桌面、文件夹和带有古风的页面布局，我的电脑集成了一个由20世纪50年代的办公软件架构的平台。——原书注

物的影响肉眼可见。信息即时、易于获取，以前只能在大学、图书馆或实验室获取的知识，如今借助计算机、"智能"电话或电视机便可获取，既省时又省力。智能手段具备敏捷、个性化和心理包容性的特点，无处不在，渗透到人类和自然界的方方面面。现在，变化了的用户掌握决定权——如何在海量的、多形式存在的信息和数据中进行分类，判断好坏，而不用受到评论家观点的左右。[1]我们是否见证了无知者与日俱增？这有伤大雅吗？无论人类喜欢与否，未来都暗示了一个以非人类器物为中心的世界。

我用"唯利是图"只是为了说明资金的流向。虽然20世纪中叶的财富主要集中在石油、能源和运输公司上，但如今财富已转向科技公司：微软、谷歌、脸书、苹果和亚马逊。互动被控制，环境被监控，甚至连人类自己都不知道恒温器、心脏传感器、房屋警报器、活动跟踪器如何调节人类和其他动物的生活。处理器不断变小，从20世纪50年代的庞然大物般的真空管缩小到功能强大的可穿戴装备。"手机"的概念不再是掌中信息包，而是见证了中石器时代半游牧生活方式工具的回归。或许网络接口会通过手术植入人脑，进一步内化无限认知。新器物以令人眼花缭乱的速度激增：比特币的数字黄金、机器人宠物和人们对它们的钟爱、免费提供胜诉法律顾问的聊天机器人律师，以及采用人工神经网络进行无监督研究和学习的新机器智能。通过社交媒体，每个人不论穷富，都在播放他们

1　常见的担忧总是周而复始，让人产生旧日的恐惧，担心人类沦为媒介黑魔法的牺牲品，因为它们会再次对思想、信仰和福祉产生深远的影响。卡尔·克劳斯（Karl Kraus）用 Schwarze magie（"黑魔法"）来强调报纸如何左右了欧洲文化人的情绪并令其产生幻觉。——原书注

的经历，无论是非凡的还是平凡的；每个人都在无以自遣地找乐子。通过相互孤立而得到巩固的小团体对真实或虚拟的器物挑三拣四，而根本不顾潜在的矛盾。在后人类的未来，想象力、创造力和打破砂锅问到底的毅力（可能只需要几年而非几十年的光景）是否会成为人类的历史？毋庸置疑，一定有人已经在寻求答案，但是撰写这部分内容的时机尚未到来。

致谢

感谢布鲁斯·克拉克、阿尔弗莱德·冈萨雷斯－鲁伊巴尔、杰夫·洛夫（Jeff Love）、比约纳尔·奥尔森、劳伦特·奥利维尔（Laurent Olivier）、佩拉·佩图尔斯多蒂尔、迈克尔·山克斯（Michael Shanks）和凯蒂·威特莫尔。本章的写作得益于与他们的对话。感谢各位编辑指点迷津，他们是约翰·M.切诺韦思、布鲁斯·克拉克、格雷厄姆·哈曼和劳里·A.威尔基。还要感谢佩拉和凯蒂，图1.1和1.3引用了她们的照片。

第二章

技术

现代技术

史蒂芬·沃尔顿/蒂莫西·斯佳丽

引言

第一次工业革命名垂青史，实现了跨时代的技术变革，比如蒸汽机、早期铁路和纺纱机，而且钢材被广为应用，取代了木材，成为主要的建筑材料。尽管技术的影响深远持久，但是真正彻底改变20世纪和21世纪人类生活方式的，其实是横跨1900年前后50年之久的第二次工业革命。虽然第一次工业革命为西方世界带来了许多新技术，普及了更加坚固耐用的材料，但普通人的生活并未因此发生实质性的改变，如果有，可能也只是纺织品的供应略有改善。第二次工业革命后，新、旧金属全面替代木材成为建筑、运输和日常用品的主要原料，而且它们很快又被更新的合成材料——塑料所取代。新型合成材料使日常用品款式各异、色彩缤纷，但与此同时，其对环境所造成的影响可能在未来几千年都将持续困扰人类。

当代社会，人类与器物的关系也随之发生了根本变革。此起彼伏的"工业革命"浪潮席卷西方,进而影响世界其他地区。其实,新的工业革命都源于之前的工业革命。经常是一次工业革命余波未了,人们就开始膜拜"更新""更进步"的技术,甚至无暇反思这些"进步"可能引发的问题。第二次工业革命带来的新材料铺天盖地,目不暇接;产业组织模式也发生了翻天覆地的变化。消费者可用的制成品呈指数级增长,厂商可用的资本工业产品数量如是。随之而来的是器物的广告推介,满足器物需求的生产制造;器物自身的"计划性淘汰"也应运而生(另见格雷夫斯-布朗,本卷)。这种"良性"(至少对经济生产而言)循环不仅增加了不必要消费和器物的种类,改变了人们对器物的观念,而且也带来了呈指数级增长的需要人们处理(或忽视)的淘汰品。

如果将20世纪初和世纪末的家居内景、办公空间或生产场所进行对比,我们就会发现,如今人类的器物明显增多了。与此同时,器物的存放方式也发生了改变。20世纪初,很多家庭几乎没有壁橱;一张制作精良的拉盖鸽笼办公桌就能轻松搞定所有公务;男装口袋的数量很少;女士手提包种类也不多。但到了世纪末,已经有专门打造衣帽间的一条龙产业,有的高档住宅的衣帽间和主浴室一样大,甚至比主浴室还大。办公用品和仓储开始产业化,现在连十几岁的孩子都会随身携带一个1立方英尺[1]见方的双肩背,里面装着各类"用品"。风格多样一直是器物生产的标志(从陶瓷到纺织品再到木制品),但20世纪风行的做法是,同一器物被冠以不同品牌进行营销:雪佛兰卡玛洛(Chevrolet Camaro)和庞蒂克火鸟(Pontiac

---

1　1立方英尺 ≈ 0.0283 立方米。——编者注

Firebird）两款车型完全一样，只是品牌不同；斯维莱（Swingline，订书机品牌）生产线上制造的几百款订书机，仅仅式样不同，却分属不同品牌。

不同于此前的几个世纪，20世纪器物的现代技术不囿于19世纪传承而来的范畴。20世纪初的无线电技术带来了通信技术的"第三次工业革命"，全新的技术不仅大幅提高了通信速度，还重塑了人类的通信方式。无线电技术源于19世纪的电报（1845）和电话（1876），也有人认为源于线性打字机（1886）和日报。随着数字技术和互联网的发展，在20世纪的最后30多年里，通信技术实现了第二次飞跃。通信技术在工业和个人层面都催生了一个全新的器物（网络）。第三次工业革命后，数字技术开始取代机械甚至电子技术，成为时代新的试金石。今天，"技术"这一术语特指数字技术，就好像物理机械已不再有任何名称一样。现代世界与自然渐行渐远，人类与器物亦是如此。因此，这一时期的器物文化史既是器物在生活中如影随形、举足轻重的历史（即使我们不了解它们的发展历程或工作原理），也是人类对文化生产甚至文化重新定义的历史。

什么是技术，什么是器物

20世纪初，"技术"是英语中的新名词。它起源于希腊的 *techne*（艺术）和 *-ology*（……的研究），最初被合成为英语单词时的意思是"艺术的科学"。当时，德国的第一次工业革命如火如荼，*Technik*（技术）一词应运而生，意指工业环境中创造器物的方法和手段。然而，世纪之交的学者很难理解这个词的含义。例如，1892年，托尔斯坦·维布伦（Thorstein Veblen）在翻译一部德文著作时，将 *Tech-*

*nik*译成艺术、科学、技术知识、技术效率、工业知识，最后才是技术。这个词的传播始于它的形容词technological（技术的），意为人们认同第二次工业革命对旧生产模式的生产和结构进行了强化和扩张。当时其实已经有了"工业艺术"和"工业权宜之计"。"技术"概念的新颖独特在于，其在提高产量、革新材料的同时，能够重组工业生产方式。受过高等教育的工程师开始取代终身工匠成为企业的决策者，消费主义大行其道。

与此同时，20世纪的学者和倡导者开展了工业发展的考古研究，并对技术和技术系统展开以器物为中心的探索。一时间，科技和工业博物馆纷纷设立专门的考古研究所（因其活动及展示各不相同，这些研究所又名"探索区"、"馆中馆"、科学或发现中心，以及新近流行的"创客空间"。人们更关注对科学的智力追求，而非追求技术的产品，又或技术对环境的影响，这种转变本身就是一项至关重要的研究课题，但已超出了本章论述的主题）。工业中心和殖民帝国的人们期待从以下场馆和馆藏中衍生出新的研究机构，包括机械展厅，在国际展览中的其他科技产品展馆，致力于推进手工艺、设计和其他制造业中的"艺术和工业"的教育机构，以及自然历史博物馆的早期馆藏等。在一些国家，科技和工业博物馆不可或缺，因为民众都认为自己的国家已经站在了现代、技术、文明和理性的巅峰，因此需要展馆对其加以陈列。这种虚荣并非英语国家所独有。德国、法国、瑞典等国的民众在对比工业博物馆与其他传统技术和民俗博物馆后，也会沾沾自喜。随着战后新自由主义资本主义的兴起，这一趋势与工业结构的调整紧密结合。这时，这些国家的民众和学者团结一致，保护工业遗产或遗址，要求将技术器物（包括人工制品、遗址和景观）与世界上其他伟大的历史和文化遗址一同列入保护名录。

对器物概念的另一大挑战是器物拟像技术，如照片、电影和视频。尽管起源于前一个世纪，但直到20世纪，摄影图像技术才开始普及：柯达公司（Kodak Brownie）1906年成立；1895年由卢米埃尔（Lumiere）兄弟拍摄的第一部商业"默片"于巴黎首映；第一家影剧院于1905年在匹兹堡开业。半个世纪以来，人类一直只能在静态照片中看到器物。这种静态到动态的延伸，很大程度上从认知层面改变了我们与器物或事件（以及电影本身）的关系：我们与电影／视频中的器物有了情感互动。不难想象，当另一增强现实感的视听技术——3D（如《阿凡达》）到来时，我们与技术器物的关系又会发生认知上的转变。

规模、数量、范围和速度

20世纪，城市发展盛况空前。与此同时，器物及其组件功能变得强大，但体积却在不断缩小。20世纪初人们见证了资本技术带来的庞然大物，而该世纪末的技术器物（特别是信息处理技术，也包括光学、医疗技术和其他技术）呈现小型化趋势，相比之下，如小人国一般。虽然器物的体积缩小（或者因为这个原因），其性能却呈指数级增长。因此，如果要用器物来展现20世纪技术发展的特点，那么时间轴的一端应该是摩天大楼、远洋客轮、高炉和蒸汽锤，而另一端则应是密度为每平方英寸[1]太比特（TB）的计算机存储器、组

---

1 1平方英寸 =6.4516平方厘米。—— 编者注

件规模为10微米的微机电系统以及可以拯救生命的纳米植入物。除此之外，20世纪，原材料、产品供应链、营销整合、材料以及电子废物都开始呈现全球化趋势。

亨利·福特开创了成熟的装配线，现代随之拉开帷幕。到20世纪初，所有行业的制造过程都实现了流水作业。以灯泡制造为例，灯泡本身就是现代性的代表器物。19世纪的灯泡是人工吹制的，所有的组装（灯丝的组装和植入，抽成真空，金属插座与引线的焊接）都是手工完成的。19世纪90年代，熟练的吹玻璃工一分钟内可以生产两个灯泡外壳。到1926年，康宁自动玻璃机每分钟可以生产2000个灯泡外壳（最初，灯丝和插座仍需手工组装）。灯泡从手工艺品变成了大众消费品。在1893年芝加哥哥伦比亚博览会上，由西屋电气（Westinghouse）最新的特斯拉交流发电机供电的近10万个灯泡组成的"不夜城"，以及20世纪初照亮纽约"百老汇"不夜街的剧院跑马灯和路灯，都是技术卓越进步的体现。到了大萧条时期，没有电灯（以及吐司炉和收音机等）的家庭也算是穷到家了。

批量生产起源于19世纪的生产流程和车间组织方式，标准化的思想更是早已有之。福特的装配线具有标志性意义，而对器物及其批量生产来说，更重要的是在19世纪与20世纪之交，人们广泛采纳并完善了应用模具的生产技术。一直以来，玻璃和金属制品都是模具的原材料，但在20世纪，塑料、玻璃纤维等复合材料，甚至胶合板开始成为模具的新原料。古老的模具铸造和模具锻造之间的微妙差别为生产带来了无限可能。从模压的汽车挡泥板到标志性的蒂芙尼（Tiffany）玻璃花瓶，无数的电木产品，如电话机、收音机外壳和厨房设备，以及标志性的埃姆斯玻璃纤维椅子，模具制造的器物成倍激增。1870年，约翰·韦斯利·海厄特（John Wesley Hyatt）和他的弟弟伊赛亚（Isaiah）首次开发了赛璐珞（注塑塑料）；20世纪40年代，由于战时的需求，注塑工具开始大规模量产。正如电影《毕业生》（1967）中麦奎尔先生（McGuire）对达斯汀·霍夫曼（Dustin Hoffman）饰演的角色所说的那样：未来属于"塑料"。模具的可复制性虽然使器物千篇一律，但却使生产效率大大提高，设计师们可以将同一器物设计为不同颜色，以搭配不同的装修风格。

姑且不谈这些神奇的材料（下文相应章节会进行专题论述），批量生产还有另一个奇怪的悖论，即当器物总量迅速增长到一定程度时，商品的可变性就开始下降。小批量生产中，工匠完全可以生产出8种不同型号的手锯或6种不同的播种机。但是随着批量生产和自动化势不可挡地（尽管是分开的）接管了生产过程，生产10000个相同的产品已经是易如反掌。普及的代价是牺牲了多样性，同一型号的器物只剩下了色彩上的差别。因此，现代人会认为器物的表面属性比材质或功能更重要。世界上第一辆流线型列车就是材料融合和审美观点转变的集中体现。1934年，联合太平洋（铁路）的M-10000列车以每小时110英里的速度穿越大萧条时期的大草原，向世界展示其空气动力学造型、铝制底盘和华丽的金丝雀黄色和金棕色外观。

新材料及其大规模使用对环境产生了巨大的影响。例如，到19世纪晚期，为工业化生产消费品提供象牙和龟甲，导致大象和海龟的数量骤减，特别是斯里兰卡大象（捕杀斯里兰卡大象是为了制作台球）。无独有偶，全球贸易也使海狸、水牛和鲸的数量大幅减少。然而，随着塑料的发展，工业化学家和制造商便开始生产近似象牙、龟甲和绿松石的塑料制品，如果不经仪器分析（或通过铜绿），这些材料几乎可以以假乱真。当限制濒危物种和野生动物产品贸易的法律出台时，官方报道说，很多手工艺生产商早已不再使用这些材料，因为他们担心会错把塑料"仿制品"当作天然产品出售。人造材料系统替代了天然材质，如钢琴和班卓琴中的乌木，贝雕或牙雕中的贝壳或象牙，甚至梳子中的牛角。得益于此，这些物种的数量慢慢回升。但可惜的是，一个世纪后，由于塑料制品在生态系统中的耐久性和一次性产品的大规模生产，腐烂的塑料废物和微塑料大量涌入生态系统，这些曾被生态学家们拯救的陆地和水生物种又再次濒临灭绝。

工人、技能和管理：工人变为器物

不难想象，19 世纪末，工作压力和工作环境令工人群情激愤。随着生产场所的扩大，工业产品不再依赖于个人技能，而是工程师的计划和机械的运转，罢工、游行和工会组织开始涌现。当然，以前也有过工人运动，比如 19 世纪前 10 年英国的勒德起义（Luddite uprisings）。但到了 19 世纪末，流水线和量产企业中的工作压力，以及所谓的"强盗大亨"从工人那里榨取财富的贪婪，迫使工人大规模地组织起来。在美国，尽管从 19 世纪 70 年代末起，工人罢工早已司空见惯（经常发生在铁路行业），但世纪之交后，罢工升级为流血事件（1877 年的铁路大罢工中有近 150 人死亡）。纺织部门、采矿业（铜矿区）和钢铁业的工人罢工都曾造成人员伤亡，这些最终导致变革。同时，值得一提的是，技术领域也日益军事化，除武器研发，军事组织也开始向消费领域渗透：从铁路行业全球的"垂直负责"

管理，到面向普通消费者的军事化食品生产，再到军工复合体。

效率就是现代化的代名词。"管理"一词及其应用始于19世纪末，弗雷德里克·温斯洛·泰勒（Frederick Winslow Taylor）在1909年首次出版的书中，引入了"科学管理"的概念，开创了现代世界。劳动被分成一个个步骤，工人们的活动受到监督和计时，最终，材料、工作空间和工人们的活动得以优化重组，从而减少了浪费（或者正如我们所说，最大程度地提高了效率），这就是泰勒所说的"最佳方式"。弗兰克（Frank）和莉莲·吉尔布雷思（Lillian Gilbreth）在泰勒的基础上增加了动态图景分析来进行"时间和运动研究"，共同开创了工业心理学时代（1924年弗兰克去世后，莉莲成为普渡大学这一新生领域的教授，任职23年）。因此，许多行业的工人，就像他们正在生产的器物一样，在永无止境地追求"效率"的过程中，变成了需要正规化组织、重组和控制的器物。

1936年，查理·卓别林将自己的电影定名为"摩登时代"以暗讽"机器时代"，当时，工人要以非人的速度工作。他所饰演的流浪汉为了能跟上飞速运转的传送带，以极快的速度旋拧螺丝；蓄意破坏以求片刻休息——轮班休息时，即使在洗手间也会被监视；后来，他被安排帮助一个老前辈修理机器，实际上他就是机器上的一个齿轮，而这位老人代表了保持机器运转所需的老式技能。电影中有个不起眼却相当重要的场景，卓别林误把工友的午餐盒放在冲压机上（午餐盒就是他们勉强维持生计的口粮），午餐盒在数吨的机器下被压扁成1/4英寸的薄片。卓别林在他的电影中还嘲讽了那个时代设计和材料方面的进步：这位倒霉的流浪汉被选为"巨浪喂食机"的试验对象（器物），该机器承诺让他工作的公司"领先于竞争对手"。这一过程中，他被机器打倒在地，虽然机器本身有着"美丽的、空气动力学的流线型机身"，带有（完全自动的）"电动多孔金属滚珠轴承"来转动"自动汤盘"，"双击计算机连动杆可促进进食同步传送器"和"液压压缩的消毒擦嘴器"。影片中的工人被机器掀翻在地，工厂老板却拒绝自掏腰包购买，因为正如场景中孤零零的标签所示："它真的不实用。"即使在1936年，现代性的装饰也已受尽嘲讽。

20世纪初，虽然大多数工人仍就职于中小企业（或者说，实际上仍在农场工作），但他们还是成为了"强盗大亨"压榨和剥削的对象。20世纪中叶对劳工的态度促进了终身稳定就业的观念，这在很大程度上是对大萧条期间劳工流失做出的反应。经济大萧条还促进了产业链的整合，进而导致了国际公司和跨国公司的崛起。同时，第二次世界大战后，不断提高的教育期望催生了越来越多的高科技职业，这些职业虽然流动性强，但仍与区域性公司，尤其是全国性公司密切相关。然而，到了20世纪末，全球供应链中临时的、可迁移的劳动力成为常态，全球化和世界资本市场的发展将劳动力进一步抽象为电子表格里的一行项目。

计算方法

19世纪70年代，人口普查局试图寻找一种新的计算方法，因为1880年即将开始的人口普查任务无法完成。1870年的人口普查用了整整10年时间，但因为美国人口的爆炸性增长，人口普查局不可能在1890年之前完成1880年的人口普查。他们求助于年轻的工程师赫尔曼·霍尔瑞斯（Herman Hollerith），他从提花织布机上的穿孔卡片中获得灵感，记录（"编码"）人口普查数据，并发明了一种可以读取、分类和制作这些卡片的机器。他创立的国际商用机器公司（International Business Machines，IBM），见证了技术从机器时代到信息时代的转变。这种处理数据的新方法以前所未有的方式和速度进行分类、解析和列表。应用这种方法使得管理一切物品皆成为可能——从航运、银行业务到旅行，甚至把人当成商品来进行管理，当然这可能会招致非议。

与此同时，经过大学专门培训的工程师越来越多，制造过程也五花八门，过程分析随之日渐严谨精确，由此，越来越精通科学的工程师开始推导机械、化学和电气系统的公式。但问题是，如果没有快速计算器，即使有计算尺，计算的过程也过于复杂，难以完成，那么这些公式对开发和监控建筑或生产过程就毫无意义。因此，图形化的"诺莫图"（nomogram）[也称"列线图"（nomograph）或"有限元分析"（abaque）]应运而生，它能将3个或更多线性或非线性标度（每个标度代表被考量系统中的一个变量）的几何关系打印在一张纸或赛璐珞（防水，野外使用）上，从这张纸或赛璐珞上只需用直尺就可以直接读出结果值。（图2-1）用户不必知道，更不用理解计算过程中复杂的代数或微积分。诺莫图在20世纪上半叶广泛应用于机械、土木工程、热力学、化学工业、光学、电子、航空和各种工程生产过程，甚至扩展到"系统分析"领域，将业务流程分解为离散的对象进行分析和优化。在现代，甚至连抽象的概念也成为了可以操纵和部署到生产过程中的离散对象。

几乎与此同时，机械师开始将制造过程"编码"到一系列凸轮（旋转轴上不规则形状的圆盘）中，这些凸轮可以按预定的模式控制

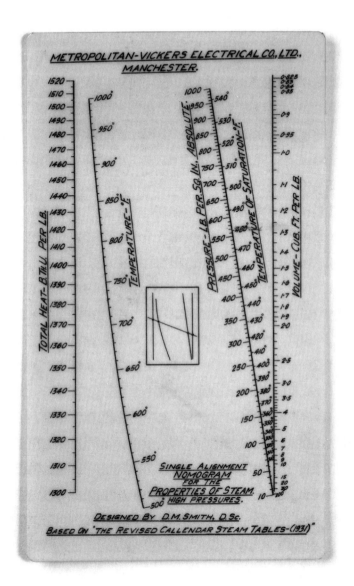

图2-1　英国曼彻斯特大都会威克斯电气有限公司1931—1989年用于测量蒸汽压力的诺莫图卡F，简便计算表。有了该图卡，用户无须了解计算的详细过程。照片来源：科学博物馆群

机器。第一次世界大战时，凸轮辅助制造已成为大型机械工厂的普遍模式。到了20世纪40年代，车间工程师，主要是航空航天部门的工程师，研发了机床的控制方法，使生产可重复程度更高也更加精确。他们开始开发模拟机电系统，这些系统可以预先编程，以特定的模式移动来切割或形成所需的形状。数控加工过程（NC，后来被称为CNC或计算机数控）是麻省理工学院（MIT）在通用电气的帮助下研发的，并于20世纪70年代得到广泛应用。顺便说一句，数控工具控制确实提高了制造效率，尽管当时一致性和质量控制比降低劳动力成本或提高生产速度更为重要，然而最终结果是加工不再依赖经验丰富的技工的技艺，而是程序员的头脑。

没有什么比数字计算能力的发展更能促进这一转变的了。1972年得克萨斯仪器公司开发集成电路（IC）后，数字计算得到了广泛应用。尽管晶体管电子技术（1949年发明）使消费品小型化，并比真空管更可靠（20世纪上半叶，真空管一直是行业标准），但却并未从根本上改变电子技术。然而，集成电路不仅改变了电子设备的速度，还改变了架构和可编程性。最初的计算机内存由微小的（大约3毫米）铁氧体环（"芯"）组成，手工编织成一个丝网，并手工焊接到框架上；每个内核是一个单独按位（非字节）存储器。（图2-2）集成电路出现后，计算机开始小型化，从大型、手动连接、复杂的计算机发展为台式机，再到现在的手持设备，几秒钟内处理的信息量远远超过人类的想象。这催生了计算机控制、监控和可编程性在形形色色器物上新颖独特、迥然不同的用途。这次革命（"第四次工业革命"，通常被称为"大数据"革命）的真正影响才刚刚开始显现，但如其他革命一样，这次革命既是希望，也是挑战。

图2-2　1968年左右，计算器上18×16磁芯存储单元，内嵌四个小圆盘。每个手工编织的铁氧体环可以被赋予一个电荷（或没有），用1或0代表，代表一个单独的数据位。照片来源：皮克斯贝

材料

有人认为，现代世界是人造世界。可喜的是，现代世界给我们带来了新材料和自然界旧材料未有的新版本。塑料和尼龙、人造丝和其他聚碳酸酯等合成材料，合金钢（弗雷德里克·温斯洛·泰勒研究科学管理之前，已经在用于工业切割机的高速钢中收获了财富）、新陶瓷、硅电子学的发展和纳米材料的开发开辟了新的天地，人类有可能创造出几百年前无法想象的新器物。

在这个时期的开局之际，钢被看成19世纪向20世纪过渡的物质体现。1901年建立的美国钢铁集团（US Steel），市值5亿美元，生产了美国2/3和世界近1/3的钢铁。虽不再被津津乐道，钢的应用却极其广泛。钢是那个时代主要的建筑材料，工人们用钢来建造桥梁、机车和远洋客轮，此外，钢还被用于制造其他一切器物的机床工业。这些伟大的钢铁作品的规模让人叹为观止，甚至使人联想到地狱之火，但在20世纪，地狱之火却变成了进步之火。1923年，一位游客参观了福特胭脂河工厂（Ford's River Rouge plant），他深深凝望着工厂的锅炉，惊讶地表示："透过蓝色玻璃，我们看到白色的熊熊烈火在砖墙上欢呼跳跃。如尼亚加拉瀑布上下翻飞、汹涌澎湃、湍流不息，翻滚的、闪耀的白色之光！这是摄人心魄、令人敬畏的浪漫！是浪漫！是力量之美！"

20世纪30年代，不锈钢就已经开始投入使用，但到20世纪中叶，钢合金的发展才取得了长足进步。镍、铬、钼、钒和其他元素以1%至5%的比例加入钢合金中，由此产生的机械和热性能显著改变了合金的整体性能。有人认为，合金的发明只是偶然，因为铁矿石中本就含有少量微量元素，但其实，从20世纪20年代开始，冶金工程师就已经开始开发硬度、韧性或耐腐蚀性更高的钢材。这些性能本身可能就很诱人，但是20世纪技术的极端性能需求，如喷气涡轮发动机和核反应堆，使得合金快速普及。如今，人们可以从市场上成千上万的品种中选购一种合适的合金材料。

上文提到的塑料和后来的铝都是20世纪代表性文化和技术器物。18世纪，科学家们就已经将铝视为一种金属，但是直到19世纪，经济适用的铝制品才与世人见面。1884年竣工的华盛顿纪念碑，其5.6英寸宽、8.9英寸高的金字塔塔顶就是铝制的。当时铝比白金更珍贵，这个塔顶是当时世界上重量最大的铝，正好重100盎司[1]。两年后，美国化学家查尔斯·马丁·霍尔（Charles Martin Hall）和法国化学家保罗·赫鲁特（Paul Héroult）先后发现了精炼铝的方法，虽然耗电量很大，但铝的价格却大大降低。两年后，俄罗斯的卡尔·约瑟夫·拜耳（Carl Josef Bayer）发现了另一种精炼铝的方法，于是，在后来的5年里，铝的生产成本变为原先的1/6。铝既坚固又轻便，易于铸造、轧制和冲压，因此作为这个时代新颖独特、令人称奇的器物开始出现在各种消费品之中：从冰淇淋甜筒问世后与之相配的冰淇淋勺（1904年圣路易斯世界博览会上偶然的发明），到1910年的铝箔（取代锡），再到第一次世界大战后随处可见的测量勺、冰盘和散装食物勺。就金属而言，铝的重量相当轻，因此它就成了"航空时代"的代名词。齐柏林飞艇使用铝支柱，1903年莱特飞行器的发动机有一个铝气缸体，法国人在第一次世界大战中开始使用铝制的飞机结构部件，1915年"相当现代"的容克斯J1

1　此处为常衡盎司，属重量单位，1盎司=28.35克。——编者注

（Junkers J1）单翼机更是世界上第一架全金属飞机。

如果有一种器物可以代表20世纪中叶的话，那么非"原子"莫属。伟大的科学家，包括汤普森（Thompson）、卢瑟福（Rutherford）、居里、普朗克（Planck）和密立根（Millikan），首先发现了原子，19世纪与20世纪之交又对其进行了描述和测量。到20世纪20年代，普朗克、玻尔（Bohr）、海森堡（Heisenberg）和施勒丁格尔（Schrödinger）等人的研发将原子未来的构想带入大众视野。"原子"最初出现在太空冒险和外星人主题的科幻小说中，1934年，黛西（Daisy）推出了巴克·罗杰斯（Buck Rogers）原子手枪等儿童玩具，后来，又出现了许多使用镭和"守护你的健康"X射线的医疗设备。原子似乎是装饰艺术设计师继航空流线型时代之后的下一个构想。广岛原子弹爆炸后的第二天，《纽约时报》的标题就说明美国人对原子早已耳熟能详，其标题为"第一颗原子弹投向日本"。如果公众不了解这个概念，标题就不会这样写。随着原子武器的扩散，对原子的迷恋很快变成了对蘑菇云的恐惧。英雄的射线枪和原子宇宙飞船被冷战时期提供给消费者病态和技术恐慌的器物所取代，如原子主题的鸡尾酒摇壶和餐具。

这种极端应用凸显了20世纪器物文化史的另一个侧面，根据欧洲遗产话语中的区分，我们将器物划分为"普通器物"与"技术器物"。过去，大多数材料既可用于普通器物，也可用于工业器物，只是工业器物对材料的强度或纯度要求更高。如今，有些材料用于技术领域，而不用于日常消费品，因此消费者对这些材料知之甚少。20世纪晚期，工程师们研发了新奇的陶瓷、玻璃，甚至偶尔见于普通器物上的纺织品，如航天飞机上的陶瓷隔热瓦，而凯夫拉纤维最近才进入消费领域。对于这种技术上的交叉通用，我们还应该加入纳米材料，它的研发始于20世纪80年代，但直到21世纪初才进入市场。

工具、精度和测量

工具的本意是手的延伸。过去，工具"仅"有此含义，也许是因为它比单靠手更有力，或者仅靠手无法完成，但工具需要手的控制，没有手就无法发挥任何作用。但后来，动力机器出现了，相同的任务现在可以以超乎想象的速度、功率和规模完成。普通铲子可以移动几千克的东西；早期的蒸汽铲每天可以移动300立方米（大约50万千克）的东西，而现代的庞然大物一下子可以拿起7万千克的东西。

现代人开始使用在一定程度上具有自我意识并能自我调节的机器。自动机械在18世纪晚期首次出现，例如蒸汽机调速器，它将电传感器（拟人化为"电眼"）和执行器结合在一起。这项技术在20世纪初得到广泛应用。器物可以通过诸如限位开关、恒定反馈温度计或光传感器（1936年发明）等简单方法来感知环境，或结合麦克风或振动传感器来确定机器运行是否正常，这实际上就允许机器触摸、感觉、看到和听到它们所处的环境。（在化学和食品工业中，可以通过添加各种常量过程监控器监控液体 —— 可能是味道，或者监控气溶胶——可能是气味。）因此，狭义上讲，即使没有我们今天所说的人工智能，机器也能自己做出决定。值得一提的是，在整个现代，富有情感的机器（机器人）在文学和电影作品中比比皆是。

现代早期，精密机床开始普及。之前，测量精确到1/10英寸就是工程奇迹了；到了19世纪末，游标卡尺（这个概念由来已久，1840年法国发明了现代版游标卡尺，并于19世纪50年代开始在美国和英国推广）可以读到1/1000英寸；到了20世纪中叶，测量可以精确到几十微米。金属车床、铣床和刨床的特点是可以自动切割螺丝和齿轮，它们将那些有机的、木雕的或铁铸的器物变成了光滑的"机器时代"器物。更有甚者，金属和热塑成型的机器外罩掩盖了其内部运转。以前，小到卷笔刀，大到50吨重的机车，其内部都是可视的，现在我们只能看到光滑的外表。它彰显了速度、空气动力学和现代化特征，机器内部的实际运转却不得而知。

前文所述的对效率的追求其实也包括废物利用。工程师和管理人员试图通过减少生产中的浪费，使利润最大化。普尔曼（Pullman）的设计就体现了这一理念。普尔曼是伊利诺伊州芝加哥郊区的一个规划工厂的小镇。1880年，乔治·普尔曼在设计这个城镇及其工厂并建造与他同名的铁路车厢时，就专门请工程师研究废物处理或化废为宝的方法。比如，工厂将高炉渣粉化并将其作为着色剂在油漆生产中重复使用，而不是作为废物倾倒；工厂还建立了下水系统，从工人的房子里收集废物（有偿），却不将其排放到卡卢梅特湖和密歇根湖，而是将废物加工并通过管道输送到公司的农场，在那里作为作物肥料（有偿）播撒。这些作物反过来出售给工人（获利），然后他们会产生更多的污水。理想的工业过程不会留下任何废弃物。

到20世纪20年代和30年代，工程师和高管们开始在行业中采用节约方法，尤其是在像亨利·福特这样的汽车制造帝国，一个大型垂直整合运营机构。福特的员工想出了很多废物收集和再利用的方法。在密歇根州的福特铁山工厂，员工们采用选择性伐木的保护策略，同时对废物再利用，如燃烧锯木厂的废木材来加热工厂的干燥窑和蒸汽机锅炉，以及以金斯福德木炭为代表的更复杂的系统。福特的员工想出了如何碳化森林和工厂废弃物，将粉末压成煤球，冠以金斯福德（Kingsford）商标予以出售。福特把这种煤球作为汽车露营野餐的不二之选进行营销。50多年后，工程师们将保护、效率和减少废物的生态观念与工业实践有机结合，建立了工业或器物生态学。

器物生态学：从废物战争到人类世

比尔·盖茨在瓦茨拉夫·斯米尔公布的实例中回顾了现代生物圈持续不断的大量物质和能量流动，包括那些不受监控或隐藏的流动（如过程损失和浪费、超负荷、土壤损失、碳排放以及其他在全球经济中没有价值的流动）。现代的另一种奇妙材料混凝土在20世纪价格降低，被认为是世界上最常见的人造岩石，并成为人类世的标志。混凝土的普遍使用使得气候学家将混凝土结构的建造和老化周期纳入模拟模型，因为混凝土的使用已对全球二氧化碳水平产生了可测量的影响。

上面讨论的材料、工具、过程和生产关系在20世纪产生了巨大的生态影响，最终导致了环境和气候的显著变化，地质学家一致同意在我们星球的历史上标注一个新的时代：人类世。物质器物记录了社会处理技术生态关系的变化。工业时代，人们（特别是城市居民）学会了减少空气中"腐败"或"污染"的气体，以及在水中"交易废物"，并不认为污染是道德败坏。"污染"一词开始代指像化合物或颗粒这一类人为产生的器物。步入现代后，人们关注的是哪些污染物或者多少剂量的污染物会对人类构成威胁。

21世纪初，人们对环境破坏的担忧集中在气候变化和西方一次性消费经济的全球化这两个方面。工业家和技术专家正在尝试解决这些问题。例如，通过"零废物"生产实践和"循环经济"来扩大构建工业生态；设计师的设计理念慢慢变为"从摇篮到摇篮"（而不再是从摇篮到坟墓）；将基于商品的价值链转向基于生物量或生物能源的价值网和工业共生网络，建立可持续的社会、技术和经济系统等。

时间最终会验证，新自由工业资本主义是否正在变革，还是这些讨论等同于一种被夸大的、绿色的营销策略。在本章的最后，我们注意到，整个20世纪，研究人员都试图通过最先进的工具，将器物，特别是那些能反映技术和技术系统的器物，转变为关键的数据源，以检查随着时间的推移，人类、政策和环境或生态之间的相互联系。对商品链或经营顺序的研究被用来记录生产日益扩大的规模和复杂性，对社区从摇篮到坟墓或从摇篮到摇篮的做法进行系统的观察。我们来看另外一个例子，器物传记也是时下流行的方法，研究人员将一件艺术品——绣花取样器或皮带驱动的棉花织布机——与详细的历史背景结合起来，将一个更受欢迎的故事娓娓道来。其中，考古"垃圾学"对世界各地环境运动的发展和壮大产生了深远的影响，因为研究人员考量了废物流中的器物和当代社会中人类行为之间的关系。

因此，器物是我们关注可持续性社会的一个重要部分，也许是因为器物可以帮助我们戳破种族中心主义和人类中心主义的幻象，这些幻象使文化和自然背离。器物也迫使我们重新审视制造商、操作员、用户和维护者之间相互依赖的本质，拒绝制造商与接受者的二元结构，更准确、更细致入微地理解社会、技术和生态之间的关系。为了能够帮助人类顺利开启下一个工业时代，研究器物和技术的学者必须持续关注世界体系之间的关联。

第三章

经济器物

是什么让今天的家园如此不同，令人向往？ [1]

保罗·格雷夫斯－布朗

1　理查德·汉密尔顿（Richard Hamilton）为"独立派"团体 1956 年举办的"这是明天"展览创作的波普艺术拼贴画作品的标题。——译者注

本章，我们将从20世纪在全球范围内大量流通的器物中选取六个"代表性器物"来说明手工艺品的设计或风格与经济的关系。这些器物以不同方式对经济的发展产生了重要影响，是因为它们的外观设计偶合了当时市场、社会文化价值观或政治的需求。也许器物对经济的影响可以简单地通过其销量来评估，不过，在影响经济的同时，器物还会不可避免地改变该社会的政治和文化生活。在这方面，我要指出的是，虽然考古文献中有大量关于器物风格的主题，但是在设计过程中人们却愈来愈有意识地去影响经济效果。虽然在苏联早期的太空任务之后，非资本主义社会的器物对经济产生了更重要的影响，但本章中我选择的都是资本主义经济体制下的器物，因为根据对卡拉什尼科夫（Kalashnikov）AK-47的研究，我发现即使社会制度不同，器物的关键性设计指标，如先例、功能和生产成本等都基本雷同。

在某种程度上，本章所讨论的器物就是"发明"，在这种社会语境下，人们认为经济"进步"都是靠发明天才推动的。但是"发明"的概念莫衷一是；过去100年或200年中，几乎每一项关键的发明都广受争议。电视是约翰·洛吉·贝尔德（John Logie Baird）"发明"的吗？飞机是莱特兄弟"发明"的吗？正如温斯顿（Winston）在创建创新过程模型时所说，一个器物真正"发明"出来以前，需要经过许多阶段。达·芬奇可能也有过发明直升机的想法，但在直升机"发明"之前，人类必须先具备相应的科学"能力"，比如有合适的材料和动力源，以及制造能力等。此外，即使真的能设计出模型，还需要温斯顿所说的"并发的必然性"（社会需求），人们才能够开始"生产"直升机。而且，即使器物已经投产并被广泛使用，还有很多因素能够抑制其"前进势头"。20世纪初，很多作家，如威尔斯（Wells），都认为飞机以及会驾驶飞机的飞行员将改变整个社会的架构，但事实并非如此。同样，新技术的巨大潜力最初总是得不到认可。

另一影响因素是"再媒介化"，即一种新媒介微妙地改变了之前的信息传播方式（例如，印刷之于手写文本，广播之于印刷，电视之于广播）。本章提及的器物都产生于新旧媒介更迭之际。也许它们并非所属类别的代表性器物，但都反映了早期经济器物的再媒介化现象。虽然我的论述可能会招致非议，我还是想说明，技术之于网络如同罗之一目、网之一孔。首先，无线电广播依存于一个包括录音（被它再媒介化）的网络；电视，因其带有图像，所以是对无线电广播的"再媒介化"；再到后来的电话机、手机和智能手机。现在，收音机还与计算机和网络互联，因此，我们现在收听到的大部分广播节目都是通过计算机和互联网传送的。但是在这里，我们要时刻铭记麦克卢汉对媒介不稳定特性的评论，博尔特（Bolter）和格鲁辛（Grusin）在书中也重申了这一观点（重申，而非改写）：虽然新媒介可以弥补旧媒介的不足，但却无法取而代之。许多人认为电视会取代广播，甚至是电影。但是，不难发现，汽车没有完全替代铁路，互联网也并未纳入电视、电影和广播，反而与它们紧密相连，水乳交融。一般说来，新媒介（在这里，我们也按照麦克卢汉的说法，将器物称为媒体或媒介）会造成生态位隔离，即取代原有媒介的部分功能，但同时拓展新媒介特有的功能。像海运集装箱，新技术对老技术取而代之，这样的案例绝无仅有。目前，虽然可能还有少数散装货船在大洋中穿梭，但集装箱已经是货运主力军，那些服务于旧货物运输模式的港口和设施都已无用武之地。

综上所述，虽然亚当·斯密（Adam Smith）的理论仍是最经典的经济学思想，但器物已助力了经济性质的改变，新媒介和"再媒介化"已经从根本上改变了经济活动的性质[见维纳（Viner）1927年关于自由放任主义的批评]。

收音机：DKE38接收机

DKE38接收机（图3-1）是纳粹德国制造的廉价无线电接收机，当时的售价为38帝国马克（4.2美元，相当于2018年的73.4美元）。DKE38是约瑟夫·戈培尔（Joseph Goebbels）下令生产的"国民收音机"（Volksempfänger）系列中的一款，专门向德国民众进行纳粹宣传，人们称之为"戈培尔的鼻子"。它使用低频无线电调谐射频（TRF）技术，只有基本的调谐控制。这不仅降低了生产成本，而且也使人们无法收听到国外电台，在纳粹德国，收听国外电台是违法的。在纳粹

图3-1　DKE38接收机。照片来源："创设公用许可证基金会"会员，"德国国家广播"

德国，拥有收音机的家庭比例从25%（1933）上升为65%（1941），但科尼格（König）指出，在德国与在其他欧洲国家，这种收音机的保有量基本一致。这说明，设备和许可费的成本，以及纳粹在私人收音机和通过公共扬声器进行宣传的"社区接收机"之间的矛盾心理，最终使得戈培尔的"国民收音机"的影响力大打折扣。

也有人会说，DKE38接收机与其说是经济器物，不如说是政治器物，但从某种意义上讲，这两个概念密不可分，因为任何人工制品的经济价值或功能都或多或少会有政治影响和基础。收音机是我们现在所说的"媒介"的第一个实例；与胶片或录音不同，它以广播的方式弥补了录制声音"媒介"的不足，而后来的电视用运动的图像继续弥补这一不足。像集装箱、计算机或手机一样，收音机本身不是目的，而是其他物质的载体，因此收音机作为经济器物的作用是促进经济（因此也是政治）发展。然而，这种载体的兴起不同于我们所知的其他具有同等经济潜力的器物。

无线电的"发明"是无数发明家和科学家在观点、模型和技术方面相互博弈的结晶。无线电的发明始于法拉第（Faraday）的电磁学实验以及克拉克·麦克斯韦（Clerk Mazwell）的电磁波理论预想和赫兹（Hertz）的实验演示。火花隙无线电传输[1]的最初实际应用可归功于尼古拉·特斯拉和古格里莫·马可尼等人。他们创造了一个可用的无线电报系统，但无线电的"发明"还需要开发热离子阀，这要归功于李·德福里斯特（Lee DeForest），后来埃德温·阿姆斯特朗（Edwin Armstrong）又对其加以改进，最后，李·德福里斯特又和亚历山大·迈斯纳（Alexander Merssner）一起设计出了阀振荡器。本质上讲，后者实现了连续无线电波的传输，而不是火花隙发射器的离散脉冲，从而创造了无线电媒介。

无线电的发展、推广及其作为广播媒介的诞生，与第一次世界大战有着千丝万缕的联系。对无线电通信的需求加速了热离子阀及其相关的发射和接收技术的发展。同时，无线电技术在战争中被广泛使用，到1918年，许多退伍军人都掌握了无线电的相关知识。因

---

1 火花隙无线电由赫兹在 19 世纪 80 年代开发，由古格里莫·马可尼改进。1901年，古格里莫·马可尼第一个成功地跨大西洋发送了无线电传输。"泰坦尼克"号灾难之后，使用火花隙发射机的无线电报迅速在大型轮船上普及，1912 年的《无线电法》更是要求所有航海船只保持 24 小时的无线电值班。火花隙无线电是当时最先进的技术，可实现船舶之间的无线通信，并在第一次世界大战期间使用。——译者注

此，不得不说战争一直是技术革新和发展的助推器，例如18世纪机床的改进和20世纪中叶火箭和塑料的发展也都与战争息息相关。

毋庸置疑，第一次世界大战之后广播就开始蓬勃发展。无线电爱好者们从战争中归来，广播电台也几乎在很多国家同时出现。澳大利亚在1919年8月进行音乐广播的第一次试播；1920年，马可尼在英国试播。美国的情况比较复杂。众所周知，弗兰克·康拉德（Frank Conrad）的8XK是美国第一个广播电台。虽然美国在此之前也有过类似尝试，但是西屋公司1920年11月获得了美国第一个联邦广播许可证，并将8XK更名为KDKA，成为美国第一家商业广播公司。然而，KDKA最初是为了进行点对点服务而建立的无线电通信公司而不是广播公司。和其他发明一样，广播的发展潜力最初并没有完全发挥出来（爱迪生的留声机和后来的互联网也是如此），从其与众不同的接收和传播方式可见一斑。

广播的发展潜力最初没有完全显现出来的原因，如果归结为一个具体的经济器物，那就是自制的接收器。在广播前10年的发展过程中，大多数接收器都是自制的。早期热离子阀的成本以及美国无线电公司（RCA）等公司的限制使复杂的无线电接收器价格昂贵。然而，使用"猫须"的简单设备既便宜又可以自行组装。本质上，这种设备使用方铅矿（硫化铅）晶体与金属丝连接来制造一种原始形式的固态二极管。1922年，美国政府还专门发行了手册，向公众介绍这种接收器的制作过程。具有讽刺意味的是，这种简易的设备规避了对昂贵阀门的需求，也预示了20世纪下半叶廉价晶体管的蓬勃发展。虽然到了20世纪30年代初，晶体管收音机慢慢被阀门收音机取代（如1933年的国民收音机），但它们一直流行到20世纪40年代初。

广播的经济效能和政治影响有很多例证。第二次世界大战中，双方都大量利用广播进行宣传，以鼓舞国内士气。1944—1945年，英国生产公用无线电——在某种程度上相当于大众广播电台，尽管这是当时唯一可用的消费类无线电设备（战争期间，英国和美国都暂停了国产无线电生产）。广播在经济方面的影响具体体现在，在20世纪20年代和30年代，它更新了当时流行文化的传播方式。在20世纪30年代的大萧条时期，人们将音乐广播当成了唱片的廉价替代品；不仅如此，广播还成为推广特定音乐流派的媒介，比如纳什维尔威丝曼（WSM）电台就推动了乡村音乐的蓬勃发展，并开创了"乡村和西部音乐"这一音乐流派。从1925年11月起，该电台每周都直播大奥普里剧院（Grand Ole Opry）的音乐会，发射机功率提高后（1932年提高到5万瓦），可以覆盖美国东南部的听众群体。此外，由于电离层反射技术的发展，该电台的夜间广播可以辐射美国更多地区的听众。

广播助力消费社会发展的又一力证就是肥皂剧。"肥皂剧"一词源于美国全国广播公司（NBC）的《帕金斯妈妈》（*Ma Perkins*），该节目由多产作家弗兰克和安妮·胡默茨（Anne Hummerts）创作，时间跨度为从1933—1956年[1]，由宝洁公司的奥克多（Oxydol）洗衣粉赞助。这类连续剧的吸引力在于它的受众群体是大萧条时期国内经济的关键决策者"家庭主妇"："购物是女人的事，赚钱是男人的

---

1 该节目于1949年移交哥伦比亚广播公司（CBS），一直延续至1960年，其间由其他赞助商赞助支持。——原书注

事。"除了直接投放广告，最初，企业还尝试在常规节目中投放我们现在所说的植入性广告和节目赞助。极具讽刺意味的是，1930年伊尔玛·菲利普斯（Irma Phillips）为芝加哥公共广播电台（WGN）制作的第一部广播肥皂剧《画梦》播出的第一年竟然没有任何赞助，最终由芝加哥肉类包装商米克尔贝里公司（Mickelberry Products Company）出资赞助。这都说明收音机的发展潜力最初并没有显现出来。

本迪克斯家用洗衣机

本迪克斯家用洗衣机是第一台全自动洗衣机，由本迪克斯家用电器公司（本迪克斯集团冠名的一家独立公司）生产。19世纪，大多数家庭都使用手动洗衣机，但电动洗衣机早在1906年就已经获得专利。尽管数据资料较少，但据了解，到1929年，美国福特汽车公司只有40%的员工拥有电动洗衣机（虽然当时福特工人的工资特别高）。洗衣机只是得益于家庭供电的众多电器之一；但在美国，1917年只有24.3%的家庭用上了电，到1920年这一数字达到了47%，直到1930年，才上升到了80%。洗衣机的发展还得益于19世纪家庭供水和污水处理方式的革新，许多人认为这甚至比后来的家务革新更重要。

当时，本迪克斯全自动洗衣机的价格非常昂贵，因为20世纪40年代初战争必需品的生产严重抑制了自动机器的制造。战后，自动机器才开始量产，价格也随之降低。但我们不禁会问，洗衣机是否真如本迪克斯所说"能令每个女人心动"？正如许多研究"省力设备"的作家所说，实际上，"省力"一直都是广告商的幻想而已，现实中并非如此。

首先，在节省劳动力的设备出现的同时，女佣和管家的从业人数迅速下降。虽然造成这一现象的原因很多，但最合理的解释是，20世纪工业和服务业就业机会增加，工作前途比当个女佣或管家更有吸引力。讽刺的是，许多以前的家政从业人员最终开始生产将他们取而代之的机器。近几十年来，由于日益加剧的经济不平衡，家政业复苏，移民和（或）欠发达国家的公民开始在美国从事家政服务，这也说明经济原因是主要影响因素。

其次，强有力的证据表明家用电器并没有减少对劳动力的需求。理想状态下，人们（主要是妇女）使用电器后能够做家务以外的其他工作（此处，家务劳动算不算工作，这一问题是有争议的）。但似乎与此同时，家务劳动的标准也发生了变化。洗衣机、吸尘器、洗碗机等改善家庭清洁程度的手段提高了人们对家庭卫生水平的期望。在洗衣和其他家务上节省下来的时间很可能会被重新分配到照顾孩子或其他事情上。同样，本可以让外人做的家务也需要由家庭成员（主要是妇女）来完成。

笼统地讲，全自动洗衣机映射出自动化兴起所引发的更严重问题。正如我们在其他领域即将看到的，自动化或流水线生产会导致商品过剩。总的来说，自动化的兴起并没有创造出20世纪50年代和60年代所设想的"休闲社会"。恰恰相反，就像全自动洗衣机的案例一样，在一个领域节省的劳动力只是被重新分配到另一个领域；过去，"家庭主妇"可能非常普遍，但现在越来越多的核心家庭中，夫妻二人都必须外出工作，否则生计将难以维持，同时二人还要承担家务。同样，我们不禁会问，家用电器填补了家政从业人员减少所造成的空白，那么一旦工业和服务被自动化取代，工人会不会失业呢？

1956年：集装箱

一位同事跟我说，集装箱不符合器物应具备的条件，当然，我们可以说，按照常规，它本身作为器物是没有意义的。但像这里所说的其他经济器物一样，"集装箱"成为系统的一部分，而且作为物流"系统"的一部分，使世界贸易发生了革命性变化，而且是我们现在所说的"全球化"的关键推动要素。讽刺的是，1817年大卫·李嘉图阐述他的经济学理论时，忽视了运输成本的重要性。事实上，直到20世纪50年代，运输货物的方法都相当重要。大多数船只运载的"散装"货物需要几天，甚至几周的装卸时间，因此1954年从美国运送货物到德国所需的总时间是旅行用时的两倍。

货物的合理化运输始于20世纪30年代，虽然"物流"这一学科可以追溯到安托万·亨利·乔米尼（Antoine Henri Jomini）在拿破仑战争期间制定的"调动军队的实用艺术"。随着1937年以汽油为动力的叉车出现，木质托盘于20世纪30年代初开始被用于货物运输。后来，伊丽莎白·科克伦·希曼（Elizabeth Cochrane Seaman）于1907年申请了钢油桶的专利，第二次世界大战时已成为标准的55加仑桶。这两项创新在战争期间太平洋和欧洲货物的大规模流动中发挥了关键作用。紧随其后的是CONEX（"集装箱快运"的简称）——一只长2.60米、宽1.91米、高2.08米的钢箱。

尽管白通公司（The White Pass）和育空航空公司（Yukon Route Company）也使用了类似的运输方式，但为人所熟知的集装箱是由马尔科姆·麦克林（Malcom Mclean）和他的工程师基思·塔特林格（Keith Tatlinger）发明的。麦克林曾在新泽西州经营一家卡车运输公司，1955年他出售自己的股份后购买了泛大西洋轮船公司（Pan-Atlantic Steamship Company，后来更名为海陆公司）。由于没有传统航运思维的禁锢，麦克林用第二次世界大战的T2油轮来运载标准化集装箱，T2油轮简化了集装箱卸载到卡车的过程。他的第一艘货轮"理想X"号于1956年4月从新泽西航行到休斯顿。最初，人们使用船上的起重机装卸集装箱，最终开发了码头集装箱设施，第一个集装箱设施隶属于马特森航运公司（the Matson Navigation Company），位于加利福尼亚洲阿拉米达的安西纳尔码头（the Encinal Terminal，图3-2）。

1962年，美国标准协会（the American Standards Association）采用了一整套集装箱标准，集装箱尺寸分别为20英尺、30英尺和40英尺。而集装箱化的关键组件，即麦克林与塔特林格发明的集装箱连接装置，直到1970年才成为国际标准化组织（ISO）的标准。像此处讨论的其他发明一样，集装箱的大规模发展是因为塔特林格说服麦克林不为他们的发明申请专利。这意味着集装箱系统可以很容易地被其他用户采用，并且来自一家航运公司的集装箱可以轻而易举地转移到另一家航运公司。

从长远来看，集装箱彻底改变了货物的流通方式。一方面，旧的贸易中心已成为历史，伦敦港被新的枢纽，如蒂尔伯里、洛斯托夫特、鹿特丹或者新加坡所取代；同时，集装箱改变了航运货物的种类，即制造商不再运输成品，而是开始利用集装箱化组装来自世界各地的组件。这也导致了20世纪早期工业中常见的"垂直整合"方式的消亡。

图3-2 加利福尼亚州阿拉米达的马特森安西纳尔码头。保罗·格雷夫斯-布朗
供图

1964/1965 福特野马

1964/1965 福特野马（如此称呼是因为该车型跨越了两个年份）是当代经济器物的原型（图3-3）。甚至有人认为它的外观设计胜过了它的功能性。到20世纪20年代，福特首创的生产线技术已经向美国企业证明产量超过了需求。这导致了广告范式的转型，即成功说服消费者购买不需要的产品。汽车行业称之为"计划性淘汰"。这个概念是1923年阿尔弗雷德·P.斯隆（Alfred P. Sloan）提出的，那一年他成为通用汽车公司（GM）的总裁。但事实上，不断研发新车型的想法在19世纪90年代的自行车制造业中就已经存在了。早在1835年，一位知情人就告诉亚历克西斯·德·托克维尔（Alexis de Tocqueville，《美国的民主》一书的作者）："在美国，没有任何一样商品的生产是为了永久使用。"

斯隆确实改变了人们对汽车行业（或许还有一般技术）的看法，这个行业的代表是他的主要竞争对手亨利·福特。福特曾在自传中说："我们希望买我们车的人永远不必再买车。"1908—1927年，福特公司共生产了1650万辆福特T型车。然而，福特"没有意识到普通人不甘于普通这个道理"。为了与福特竞争，斯隆意识到每年推出一款新车型会刺激消费者不断"更新"。而且，通用汽车有一系列不同定价的品牌，从雪佛兰到庞蒂亚克、奥兹莫比尔、别克再到凯迪拉克。这种营销方法被广泛应用到其他消费品领域。1927年，哈雷·厄尔（Harley Earl）被任命为通用汽车的总设计师，斯隆的计划得到进一步推进。厄尔此前曾为好莱坞明星生产定制汽车，他开创了使用黏土模型创新车辆外观设计的先河［好莱坞推动了美国设计的发展，设计师诺曼·贝尔·格迪斯（Norman Bel Geddes）等人

图3-3　福特野马1964/1965揭幕。照片来源：贝特曼拍摄，盖蒂图片社

的事业也是在电影中起步]。从真正的意义上来说，这正式确定了设计在汽车制造和营销中的作用，尽管设计是制造过程核心这一概念可能始于彼得·贝伦斯（Peter Behrens），他是德国工匠协会的创始人，从1908年起就是德国通用电气公司（AEG）的艺术顾问。贝伦斯与助手，如路德维格·密斯·凡·德罗（Ludwig Mies van der Rohe）和沃尔特·格罗皮乌斯（Walter Gropius）（他们后来引领了建筑学领域的包豪斯运动[1]）等一起，为德国通用电气公司（AEG）创建了一整套包括其产品、标识和建筑等在内的完整的企业形象。

福特公司最终被迫对通用公司的计划性淘汰做出回应，于1927年推出了A型车，并于1932年推出了福特V8车型。为了使其品牌多样化，1922年福特公司收购了林肯汽车公司，并于1938年创建了中等价格的"水星"品牌。然而，在两次世界大战之间，福特已经从汽车市场的霸主（20世纪20年代占60%份额），沦为"计划性淘汰"游戏中的竞争者之一（与通用和克莱斯勒一起）。最终，福特首创的"垂直整合"生产模式的优势也将被"集装箱"和全球化削弱。

1964年4月的纽约世界博览会上，福特野马首次亮相，在代表经济功能的器物发展史上具有里程碑意义。1957—1960年，虽然也进行了大幅促销，但福特的埃德塞尔（Edsel）却仍遭惨败。目前埃德塞尔惨败的原因尚不得而知，大概是因为机械故障和不合理的定价。但许多人，包括营销"专家"路易斯·切斯金（Louis Cheskin）都认为埃德塞尔的失败在于其外观设计。与此同时，美国汽车制造

1　包豪斯艺术和建筑学院由德国建筑师沃尔特·格罗皮乌斯于1919年在魏玛创立，标志着包豪斯运动的开始，一种对艺术与工业关系的全新理解就此诞生。——译者注

商正在经历来自欧洲制造商的竞争，欧洲制造商的小型车，如大众甲壳虫，带来了更大的经济效益。

在罗伯特·麦克纳马拉（Robert Macnamara）的领导下，福特研发的一款新的"紧凑型"汽车"猎鹰"于1960—1970年面世。虽然这款汽车销量可观，获益不菲，但是外形并不美观。于是，1955年福特公司推出了另一款汽车"雷鸟"，这是一款运动车型，旨在与通用雪佛兰克尔维特汽车抗衡。虽然价格不菲，但雷鸟却非常成功。1958年，在麦克纳马拉的领导下，福特推出了雷鸟2+2（即四座）版本，也卖得很好。这两个项目都预示着汽车市场的变化，福特的新一代高管也注意到了这一改变。

野马其实是李·亚科塔（Lee Iacotta）的力作，他从1960年起担任福特副总裁兼总经理，他的总工程师是唐纳德·N.弗雷（Donald N. Frey）。尽管遇到了很多阻力，尤其是来自麦克纳马拉的阻力，亚科塔仍坚信"二战"后的婴儿潮会使消费群体偏年轻化。于是，在野马中，他开始加入一些针对年轻人的设计，这种现象最近被贴上了"酷资本主义"的标签。1960—1964年，野马经历了多次迭代。与此同时，福特越来越多地参与赛车运动，从为卡罗尔·谢尔比（Carroll Shelby）的AC眼镜蛇跑车和一级方程式赛车提供发动机，到后来生产自己的赛车车型（福特是通过赛车运动起家的）。这也是一个关键因素，因为野马的卖点是炫酷的赛车和刺激的速度与激情，这些都源自马里内蒂（Marinetti）《未来主义者宣言》中对赛车的定位。

不过，从性能上看，野马并不是真正的跑车，它在机械和构造上基于猎鹰，搭载了为福特德国陶尼斯模型开发的V4发动机。野马给人的印象就是跑车，它保持着跑车的紧凑感（按美国标准），配有四座，最重要的是，它的价格非常有竞争力（2600美元）。第一年，福特就售出了30多万辆野马，18个月内，共计生产了100多万辆。福特公司巧妙地利用植入式广告来展现新产品的酷炫；野马与阿斯顿·马丁的DB5一起出现在詹姆斯·邦德的电影《金手指》（1964）和《圣特罗佩宪兵》（1964）中，史蒂夫·麦奎因（Steve McQueen）在电影《布利特》（1968）中驾驶着后来推出的"快背"车型在旧金山高速飞驰。

切斯金认为："埃德塞尔营销计划没有成功是因为福特公司认为，广告和营销宣传所塑造的形象远比汽车的外观设计重要得多。"亚科塔和他的同事没有重蹈覆辙，而且，福特的广告代理公司J.沃尔森·汤普森（J. Walter Thompson）也参与了野马的整个设计过程。据说，福特在路易斯·切斯金对埃德塞尔提出批评后，聘用他做了品牌顾问。

切斯金是众多具有心理学背景的营销"大师"之一。在20世纪20年代，J.沃尔森·汤普森也招募了行为主义的先驱约翰·B.沃森（John B. Watson）。众所周知，现代公共关系学起源于西格蒙德·弗洛伊德的女婿爱德华·伯奈斯（Edward Bernays）。切斯金在他的职业生涯中一次又一次地证明了如何巧妙地进行产品外观设计以影响消费者；他成功地为万宝路香烟更名，为它设计新包装，打造了标志性的"万宝路硬汉"形象；他让麦当劳继续使用其金拱门标志，因为金拱门源于弗洛伊德；而且，他还让人造黄油制造商模仿黄油的颜色将他们的产品染成黄色。在野马的设计中，他的色彩协调理念使内饰与车身色彩匹配，增强了整体外观的时尚感。

近年来，关于心理学和消费动机对消费影响的研究热度减退。

然而，就野马而言，很明显，设计尤其是外观设计可以说服购买者，他们"购买"的是一种"姿态"，而后来的营销策略和广告宣传又不断强化这一"姿态"。也就是说，从贝伦斯开始，产品的外观设计不仅仅是为了展现某种具体的功能或味道，而是为了呈现一种"姿态"，比如使用这个产品的人都很"酷"。正如切斯金所说，它们可以唤起大众的现代感，这种现代感源于"人造卫星"以及太空竞赛中固有的其他物理形式。

IBM PC 5150："像教大象跳踢踏舞"

虽然国际商用机器公司（IBM，又名"蓝色巨人"）一直主导大型计算机市场，但到20世纪70年代末，它的主导地位受到了微型计算机[由王、惠普和数据控制公司（Control Data）制造]和新兴微型计算机[如康懋达（Commodore）公司的PET和苹果公司的Apple II]的挑战。许多人都认为在这样的市场环境中，国际商用机器公司的发展阻力重重。但1980年，在佛罗里达州博卡拉顿的IBM入门系统部门，唐·埃斯特里奇（Don Estridge）领导的团队开始研发个人计算机，并于1981年发布了IBM PC（图3-4）。虽然苹果发烧友们可能会对此提出质疑，但我认为（理由如下），PC及其"兼容机"的模仿者们推动了个人电脑的普及，在安卓和智能手机出现之前，它实际上主导了整个领域。

IBM考虑了各种可以打入微型计算机市场的方法，包括收购雅达利公司（Atari）。然而，最终他们采用了比尔·劳（Bill Lowe，博卡拉顿实验室的第一任负责人）的方法：一台买得起的、可以"在家里"组装的电脑。因此IBM决定启用代号为"国际象棋项目"的

图 3-4　IBM PC 5150。照片来源：鲁本·德·瑞克

计划。这与 IBM 通常的"垂直整合"制造方法不同。这种方法虽然当时很流行，但在全球化的背景下已经退出历史舞台。在快速生产的驱动力下，IBM 发现从第三方获得"现成"的组件比内部研发要省时、省钱。比方说，尽管 IBM 有自己的大型机 Basic 编程语言，但其个人计算机却使用了微软的 Basic 编程语言，连显示器也是由一家中国台湾的制造商提供。

　　个人计算机于 1981 年 8 月上市，上市第一年就售出了 10 万台；到 1983 年底，共售出 75 万台。它的成功源自制造过程的开放式做法。虽然 IBM 对所有早期产品完全保密，稍有差池就会对簿公堂（这是行业中的惯用做法），但对个人计算机却截然不同。该公司发行了 IBM 个人计算机技术参考手册，定价适中，仅 32 美元，其中列出了机器的所有技术细节，包括其 BIOS（基本输入或输出系统）的源代码。这使得第三方能够迅速为其开发软件，而且其他公司可以为其开发外围硬件，最终推动了个人计算机的大量克隆。现在我们所熟悉的个人计算机，产自全球不同的公司。

人们预计1984年苹果公司麦金塔（Macintosh）的发布会阻止个人计算机的发展。苹果电脑借鉴了施乐公司帕洛阿尔托研究中心（PARC）在20世纪70年代早期的经验，聘请罗伯特·泰勒（Robert Taylor）为团队负责人[他以前为美国高级研究计划署工作，主持研发阿帕网（ARPANET）项目——互联网的开端]。泰勒的团队设计了施乐奥托电脑（Xerox Alto），配有以太网网络原型和基于道格拉斯·恩格尔巴特（Douglas Englebart）想法而研发的鼠标接口设备。令人瞩目的是，PARC团队中还有艾伦·凯（Alan Kay），他为施乐奥托开发了软件系统，这是第一个基于图形用户界面（GUI）或窗口的软件系统。1979年，史蒂夫·乔布斯和苹果公司购买了这些技术，并将它们集成到原型"丽莎"中，最终创造了苹果电脑。虽然1985年就已经有了Windows 操作系统，但直到改进后的Windows 3.0搭配更强大的处理器（如英特尔80486）后，Windows 操作系统才开始普及。

就像其他经济器物的发展过程一样，这是一种傲慢的讽刺。苹果公司源于业余团体——"自制计算机俱乐部"，它体现了一种拒绝大公司权力的黑客精神，无论这个大公司是美国电话电报公司（AT&T）还是IBM，这种精神源于婴儿潮一代的酷资本主义和20世纪60年代的反文化主义。因此，乔布斯等人极端蔑视IBM进军微型计算机市场的尝试。苹果公司的克里斯·埃斯皮诺萨（Chris Espino-sa）认为这是"注定失败的陈腐尝试"。但纵观其发展，IBM开放的架构比苹果公司的垂直整合更成功。个人电脑的价格因此下降，尤其是随着复刻技术的出现，个人电脑软件数量激增。尽管受到安卓系统的挑战，但PC/DOS/Windows系统迄今为止在全世界计算领域一直占主导地位。我现在用的联想笔记本ThinkPad是一款视窗笔记本电脑，使用的就是Windows操作系统。后来，IBM最终退出了个人计算机市场，但中国制造商购买了该品牌。

摩托罗拉掌中宝StarTAC

StarTAC是摩托罗拉公司1996年1月3日发布的第一款翻盖手机，也是第一批占有较多市场份额的机型（销量超过6000万部）。人们普遍认为，这款手机的设计灵感是基于电影《星际迷航》中的通信设备，由郑华明（Wah Ming Chang）设计。因此，它是技术进步（包括原子弹）的一部分，其概念源于科幻小说。StarTAC绝不是第一部移动电话。移动电话的构想起源于20世纪初，第一个真正意义上的移动电话出现在20世纪40年代末的美国，在随后的10年里，其他国家也开始相继使用（例如，1959年英国的邮局无线电话服务）。这种技术源于第二次世界大战中便携式无线电收发器，但便携式无线电收发器太过笨重（第一批美国电话电报公司用户装置重达80磅），而且受到无线电频道的限制。

移动通信需要一系列技术的发展，最重要的就是蜂窝通信技术，它可以使用户从一个基站无缝移动到下一个基站，没有中断。蜂窝通信的概念始于1947年，并于20世纪60年代和70年代得到发展。1979年，日本研发出了第一个自动化网络（通常称为1G)，随后在西方国家迅速推广。但模拟信号和电话的自重限制了移动电话的普及。摩托罗拉DynaTAC于1983年上市，使用的就是1G网络，重

790克，因此也被称为"砖头"。它的通话时间只能持续30分钟，充电却需要10小时。诺基亚后来也生产了类似的砖头，型号为1320。

10多年后，摩托罗拉掌中宝StarTAC仅重88克，并配备了长待机时间的锂离子电池。但真正的革命不是在手机本身，而是在网络。毋庸置疑，是欧洲联盟促进了当代移动通信的发展，因为欧盟推动了GSM标准的发展。GSM最初是移动特别小组，但后来被称为全球移动通信系统，是一套在北欧移动电话系统中诞生的协议，自20世纪60年代起一直在逐步发展。1987年，欧洲13国集团就GSM标准达成共识，建立了现在众所周知的2G数字移动网络。正如阿加（Agar）所说，这套欧洲标准是欧洲国家智慧的结晶：例如，SIM卡的概念来自德国。《GSM谅解备忘录》由英国贸易和工业部的斯蒂芬·坦普尔（Stephen Temple）起草，克里斯·根特（Chris Gent，沃达丰公司首席执行官）称之为"手机发展史上最重要的文件"。虽然美国开发了自己的CDMA（码分多址）标准，但GSM在整个欧洲的广泛使用使其成为实际上的全球标准，随后的3G、4G和5G系统都以此为基础。换句话说，正如本章其他技术相关的讨论一样，GSM是在20世纪90年代将移动电话作为一种大众产品推出的免费通用标准的基础，尽管此处我们应该注意到，与世界其他地区相比，美国采用的对呼叫接收方收费的制度减缓了2G网络在美国的普及速度。

GSM协议包括SMS短信发送。从经济学角度来看，有趣的是，SMS短信发送是普雷斯顿（Preston）所说的系统功能：这是技术自带功能，但是这种功能当时并非其"特有的"主要功能。它只是偶然成为一种"特有的"功能，因而在经济上具有重要意义。SMS最初是网络供应商定期与客户联系的一种手段，但很快成为用户廉价的通信方式，由此也催生出"短信"文化。与此同时，手机制造商等也找到了利用手机赚钱的新方法，例如手机定制和增加手机游戏等。从某种意义上说，这预示着手机的功能（通过智能手机）发生了变化，从一种简单的通信方式转变为涵盖社会和文化生活的平台。

这种开放的标准在随后的移动通信历史中会不断出现。移动设备已经取代计算机成为我们主要的互联网终端，这可以追溯到1997年GPRS（通用分组无线电服务）协议的诞生。虽然2000年推出的WAP（无线应用协议）是一个基本的互联网协议，但正是它被GPRS取代，再加上2003年推出的更快的3G网络，奠定了智能手机的基础。智能手机本身始于一些独立设备，如20世纪80年代推出的个人数字助理（PDA）等，这些独立设备功能的集成就是智能手机。1996年，诺基亚推出了9000通信器（个人通信器的鼻祖），黑莓智能手机于2003年发布，苹果iPhone于2007年发布，2008年HTC发布了第一款安卓系统的手机。安卓系统也是开放的标准，后来主导着2010—2012年的全球智能手机市场。

无线网络Wi-Fi在移动通信中的作用也反映了器物的经济作用。第一个无线网络原型是一个由ALOHA网使用的无线系统，ALOHA网是一种早期形式的以太网，于1971年建立，用于连接夏威夷群岛[1]。从1991年起，日本电气股份有限公司（NEC）才开始如今的IEEE 802.11协议的早期研发工作，主要目的是实现收银系统和商业

---

1 1971年，夏威夷大学的研究人员创造了第一个基于封包式技术的无线电通信网络，被称为ALOHNET网络，是最早的无线局域网。这个WLAN包括了7台计算机，采用双向星型拓扑横跨4座夏威夷岛屿，中心计算机放置在瓦胡岛（Oahu Island）上。——译者注

网点的连接，因为商业网点的布局经常改变。第一个真正的802.11协议于1997年发布，1999年无线网络Wi-Fi联盟成立。然而，有趣的是，无线网络的使用随后发生了分化。当时无线网络Wi-Fi的使用者主要有两类：一类是以盈利为目的的商业无线网络公司；另一类是以无线网络吸引顾客的商家，这是星巴克的首创，星巴克在咖啡馆提供免费无线网络。后来，提供无线网络已经成为吸引顾客到商店、酒店等场所的一种措施，而不是一项独立的业务。

我们来看手机作为经济器物的另外两个关键作用。全球移动通信系统（GSM）在非洲和其他"发展中国家"的迅速普及也说明了移动基础设施比固定电话便宜得多。在尼日利亚，2004年有700万移动用户，到2011年，60%的家庭都拥有手机。总体而言，1998—2003年期间，非洲移动网络用户数量增长了5000%。虽然在那些每天收入仅1美元多一点的国家，手机仍然很贵，但共享电话、电话"亭"和乡村电话使通话变得容易了。同样，当地的很多手机都是从"发达"国家回收的。

最后，"二手"手机在欠发达地区的二次使用也预示着"计划性淘汰"的失败。"计划性淘汰"不仅需要建立完备的体系，以回收电子垃圾（包括计算机和其他设备），应对随之而来的污染，而且现代手机特殊的材料需求给资源供给带来了压力，如磁铁和其他部件所使用的稀土。随着计算机技术的普及，前景如何，尚不得而知。但可以肯定的是，撰写本文时苹果iPhone的销量正在下降。

讨论与结语

亚当·斯密是市场经济时期经济学界的代表人物，他所推崇的不受限制的自由竞争在今天为人们所诟病。事实上，亚当·斯密一直将"建立和维护某些公共工程和公共机构"视为政府的三个关键职能之一。但是，自18世纪以来，全球经济发生了根本性变革，而且基础设施变得越来越重要。斯密只是关注道路设施和基础教育等领域，但当今社会更依赖供水和污水处理（洗衣机）、电力（几乎所有上述器物）、通信基础设施、燃料供应、货运码头等。虽然这其中有一些是由政府提供，并且全部由政府监管，但总体而言，本章讨论的经济器物依托于商业必须自行发展的基础设施。事实上，器物通常是基础设施不可分割的一部分。如此多的经济活动依赖于一个或另一个"平台"，这意味着技术必须共享而不是囤积（个人电脑、全球移动通信系统、集装箱）。囤积技术只会自取灭亡，犹如Gopher协议（信息查找系统）与伯纳斯-李（Berners-Lee）和卡隆（Callon）的万维网一决高下时所遭遇的一败涂地。

斯密生活在稀缺经济环境中，当时的主要问题是垄断、卡特尔和供应控制。在我们所谓的后稀缺经济中，对需求的操纵已成为核心问题。19世纪后期，报纸价格下降，收音机走入寻常百姓之家。与此同时，大量大众媒体不断涌现。可以说，广播和广告业一起创造了"消费者"，将消费从富人的炫耀性消费转变为"普通人"的消费，尽管在20世纪50年代末和20世纪60年代的酷资本主义理念下，普通人也通过消费来寻求他或她（？）自己的个性。

正如我所说，"再媒介化"是理解经济器物的核心。虽然"媒介"这个词通常会让人联想到广播或互联网，但麦克卢汉的观点是正确的，他将几乎所有物质文化都视为一种潜在的媒介。因此，洗衣机也是一种再媒介，承担家务并重塑家务，在这里，与几乎其他所有情况一样，再媒介化包括生态位隔离，新媒介部分取代旧媒介，但同时开拓了新的文化空间（如肥皂剧推动了奥克多洗衣粉的普及）。然而，随着我们进入电子和数字媒体时代，经济器物不再彼此针锋相对。听过乡村和西部音乐的广播听众把唱片分享给其他人，就像今天我们下载或流式传输（通过网络传送流媒体）音乐一样。在软件领域，零复制成本促成了共享软件、免费软件的出现，以及甚嚣尘上的版权运动利用现有著作权体制来保护所有用户和二次开发者的自由的授权方式，都旨在让所有人共享。从某种意义上说，这是一种后经济运动。

最后，社会和企业一直没有认清经济器物的巨大潜能，这一点值得关注；我们不要去关注温斯顿想象的新经济器物对人们的压制。在早期开发万维网这一弥足珍贵的经历中，我时常遇到一些人，他们认为万维网毫无用途，甚至是一个笑话。如果我们想想收音机、肥皂剧、"自制电脑俱乐部"或流行音乐的先驱们，就不难发现创新并非根植于资本主义的主流，而是起源于那些边缘人士，或者并不在意其经济价值的人，他们可能是学者、科学家、爱好者，甚至是"波西米亚人"。

致谢

再次感谢劳里·A.威尔基2011年载我前往奥克兰。同时感谢简·鲁菲诺（Jane Ruffino）向我推荐洗衣机。

第四章

日常器物

牙刷和茶杯

斯蒂西·L.坎普

凡人小事，日常的林林总总，生活的所思所想，往往不值一提。我们常对哲学思想追根溯源，侃侃而谈，却对每日三餐不屑一顾。但三餐的背后，却也别有洞天。

——詹姆斯－迪茨（James Deetz）

《被遗忘的小事：早期美国生活考古》

引言：平凡中的不平凡

历史考古学研究历史上人们遗留下来的生活实物。遗址展现了早期个人、家庭或社区生活面貌，由此可推断出人们在区域、全国或全球性营销活动中的消费习惯。历史考古学家还原生活，推测消费价值取向。本章从历史考古学视角，讲述19世纪美国的两种器物——牙刷和茶杯的变迁：从无到有，从流行到废弃或转型。

历史考古学家依托挖掘数据和史料来阐释历史，界定独特与普通；或在信件、收据、日记、遗嘱清单、人口普查表、照片和口述史等浩如烟海的档案资源里窥得历史的光亮；或在包罗万象的环境中进行文物挖掘，包括水井、蓄水池、厕所、污水池、土坑、垃圾堆以及房屋建筑下的土壤；等等。当考古数据与视媒体和文献记录彼此佐证又或出现细微差别甚至相悖冲突时，他们就要在这些数集之间反复比对推敲。

本章综合分析考古文献，探讨器物如何走入平常百姓家中。考古学家通过两种方法之一来判定"日常"器物：（1）做比较，即审视来自同一时期的多个考古数集；（2）对城市或区域进行大规模挖掘，但基于财政和后勤方面的挑战，这类工作鲜有开展。本章研究的两种器物——牙刷和茶杯，其遗迹贯穿整个西方考古遗址。本章以美国为载体，研究这两种器物在现代美国生活中无所不在这一现象背后的信仰体系和经济过程。

现代消费主义的兴起

自15世纪中叶以来，随着探索时代的到来，制成品一直在流通，但18世纪末19世纪初的工业革命引入了新的生产模式，带来了前所未有的消费机会。人力和机器在工厂车间史无前例地形成了一种共生关系。机器劳动引领了一个充满物质可能性的时代，商品得以大规模复制，使消费主义大众化。"自主全能的"机器被视为"将人类从劳动束缚中拯救出来的解放者"。如今，中产阶级和底层社会可以购买曾经上流社会专享的商品。大规模生产降低了成本，使牙刷、茶杯等曾经的奢侈品得以进入寻常人家。

19世纪和20世纪初，随着旨在鼓励消费主义的技术的出现，资本主义及依托全球商品经济的文化也随之兴起。广义资本主义始于15世纪的全球商品流通和大规模生产，在此期间，西方社会围绕消费进行重组。一些学者认为，这一过程围绕着商品所有权和资本积累重新构建了社会关系，而马克思则称之为"商品拜物教"。马克思认为平等主义到资本主义的转变意在压迫大众，使富人受益。商品拜物教使现存阶级划分自然化，从而使消费能力变得比人的政治自由和自主性更重要。消费主义意识形态"粉饰、掩盖社会秩序的不平等"，"专制霸道以及社会资源的不均衡配置统统被盖上了遮羞布"。

摄影和电影的横空出世进一步推动了消费主义的膨胀。"运动镜头"、"远景废墟碎片"和"捕捉光学的无意识性"等拍摄技术实现了人、地、物的重现，镜头能够捕捉到肉眼无法看到的物体与动作。望远镜、探照灯和立体镜等新技术使世界以新颖的方式呈现，令人向往。机器和新技术的出现，再现了景观和艺术品，甚至在某些情况下取代了人的位置，对西方社会产生了深远的影响。它取代了原物、原景或原作的原有形态。而艺术作品一旦被复制就会失去其"真实性光环"，每一次的复制都会让艺术品贬值。器物一旦变得唾手可得，就会失去上层阶级的青睐。相机将器物变成了一种"（大众的）奇观"，也使其从主体变成"被监看"的客体。20世纪邮购目录中的照片大大提升了产品的吸引力和销量。

19世纪末20世纪初，世界博览会受到追捧，潜在消费者可以直接接触到商品。此外，广告和营销行业蓬勃发展，消费者购买欲望由此点燃。参观者仔细品味铺天盖地的广告和醒目精致的陈列商品，瞬间将自己想象成了消费者。世界博览会成了"消费之城"的缩影，"消费者社会应运而生"。世界博览会教会了中产阶级该消费什么，鼓励他们追求"更多、更好、更新的物品"。通用汽车、美国钢铁、亨氏、美国烟草、克莱斯勒、福特、辛格缝纫机、西尔斯罗巴克和联合爱迪生等大公司的主打产品各具特色，这些公司有时候会自建展馆推出各自的产品。世界博览会集休闲、娱乐、技术和消费（它们之间曾经毫不搭界）于一身，令参观者目不暇接、眼花缭乱。世界博览会营造出消费主义民主化、消费的自由就是民主行动的氛围。因此，消费主义被吹捧为"解决困扰美国问题的良方"。通过向大众展示和销售以前只属于精英阶层的产品，世界博览会助长了民主消费主义的观念。世界博览会处心积虑地向参观者灌输消费主义伦理，并利用技术来展示这个新兴的商品消费市场。"时尚杂志、礼仪书籍、当代摄影、艺术甚至文学"都不遗余力地将产品推送给消费者。地方报纸刊登消费者地区需求列表，广告"更明确地告知消费者各类商品的价格和购买途径"。19世纪90年代后，以中产阶级为目标人群的百货公司、邮购目录以及零售连锁店比肩并起。

消费主义与历史考古学

历史考古学家研究了普罗大众在快速社会经济转型期的生活状态以及他们如何应对消费压力，并顺应这种视消费主义为规范的文化。他们发现除了许多其他身份认同的载体，资本主义如何按照年龄、性别、性取向和种族地位对劳动力进行划分。他们研究了美国社会如何鼓动人们将大部分收入用于消费，宣称这不仅正常，更是理所应当。历史考古学家还研究了工厂、学校和劳动夏令营等建筑环境以及自然景观在新资本主义秩序下如何塑造了人类的行为。研究后资本主义景观的考古学家认为这是"一种秩序和控制的表达，旨在通过空间霸权实现利润最大化"。考古学家绘制了"钟表、科学仪器、砝码、天平以及指南针"的外观图，而施托勒（Stoler）将它们描述为"征服群体的规训手段"。18世纪，钟表和科学仪器只见于精英家庭。批量生产、合理定价之后，它们便走入平常百姓之家。钟表的使用标志着在福柯理论的基础上，沙克尔称之为"时间规训"的时代开始了。在中世纪晚期之前，时间是松散的、概念化的。此后，时间变得"更加精细、准确、条理化和规约化"。在1883年之前，美国人以"尖顶钟"和"教堂钟"的钟声来确定时间管理标准。1883年引入的时区概念，反映出"工厂系统对时间前所未有的重视，人们开始关注时效性、工作习惯的规律性，尤其是在高墙耸立的厂房内如何将劳动转换为计时工资"。

在资本主义对社会生活进行重组的大背景下，考古学家还是寻到了些许抵抗的蛛丝马迹。并非每个人都是新资本主义秩序的追随者。例如，迈克尔·纳萨尼和马乔里阿贝尔发现，在19世纪马萨诸塞州的一家餐具工厂发生了一起蓄意的"生产事故"，导致了"刀具损坏"。玛格丽特·帕瑟（Margaret Purser）在内华达州天堂谷农村社区开展的对晚期资本主义的研究也记录了20世纪20年代社区对本地商店而不是邮购目录的偏爱。本地商家"赊账甚至以货易货"的打法能让顾客尝到甜头，他们当然对跨国大公司避而远之。因此，帕瑟总结道："资本主义可能是一个全球性进程，但它发生在这样一些小地方，因此在相对较小的时空规模上呈现出显著的多元化特征。"

　　资本主义气势宏大，因此，对消费欲望的解读也是众说纷纭。一些考古学家往往强调个人或社区的能动性在消费主义中的作用，权衡个人或社区的意识形态信仰与塑造其消费主义的结构条件。还有一些考古学家则侧重于研究培植消费主义的总体结构性因素，淡化社区或个人的购买习惯。丹尼尔·米勒认同前一种说法，即强调个人或社区在塑造消费主义中的作用。他认为，可口可乐通常被视为一个"全球化形象"，但它其实拥得独特的文化含义，具体取决于谁来消费、在哪儿消费以及何时消费。例如，在特立尼达，可口可乐能引发怀旧之感，与当地饮用"黑色"甜饮料的传统相得益彰。米勒派相信消费者有能力做出清醒的抉择，购物不仅是一种经济行为，而且是"社会领域的一部分，是一种社会现象"。库克等人认为，能动性强化了消费主义。历史考古学家认为选择"要么由经济学家决定，要么是一个微小的、充其量是被动的声音，这种声音根本听不到，只是淹没在嘈杂的大众文化的黑盒子里"。库克等人对此提出了批判，普雷泽利斯等人也提出了类似的观点：美国西部的少数群体使用上层社会的标志，就只为赢得精英阶层的青睐和做生意的机会，以对抗他们所经历的种族主义。他们声称"少数族裔"只有模仿中上层阶级的住宅和衣着，才能确保"社会认可、经济成功和阶层攀升"。同样，保罗·穆林斯断言，在加州奥克兰常见的各种古董小玩意儿并不只是用来彰显阶级或社会身份，而是被主人用来"创造性地幻想自己的身份和社会地位，而不仅仅向别人展示他们是谁"。

另一派学者则关注资本主义的霸权性质，较少强调个人和社区在消费主义中发挥的作用。他们断言，个人选择是资本主义缔造的众多幻觉之一，意在掩盖和扭曲我们彼此之间的关系，诱使我们相信阶级划分和消费即使非人类本源，也是顺应自然。他们认为，将消费主义简单认定为一种选择会将贫困归咎于个人。强调选择意味着"失败、被剥削或受苦的人一定是做了错误的选择，而不是因为受困于限制和压迫他们的社会和物质现实"。因此，对个人选择的关注可能掩盖影响个人或群体消费能力的结构性条件。例如，17世纪的禁奢法明令禁止某些群体，如非洲裔美国人和女性购买商品。穆林斯警告说："如果考古学不直面种族主义影响，就有可能强加一种完全意识形态化的个性概念，忽视真正的结构性决定因素，从而不合时宜地对日常生活的意义赞叹不已。"

本章无意调和上述观点的对立和争执，而着意探寻考古学家如何透过世俗器物来研究社会关系。通过探索和揭示器物历史，而不将它们的发展历程视为必然，我们才可以审视我们的社会秩序和文化所坚守的事实或真相。茶杯和牙刷等日常用品看起来无足轻重，但它们具有丰富的象征意义，可以传达出一种文化对待健康、阶级、性别和种族的信念。

"牙刷的福音"

1901年，非洲裔美国教育家、社区领袖布克·T.华盛顿（Booker T.Washington）对牙刷在提升非洲裔美国人社会地位方面的潜力赞不绝口，高度评价了"牙刷的福音"。牙刷在非洲裔美国人社区是一个重要标志。英裔美国人不让黑奴使用牙刷，以便维护和强化种族差异观念。在拍卖场，黑奴遭受侵入性身体检查，而健康的牙齿可以影响他们作为商品被出售和交易的价值。非洲裔美国人有权利使用牙刷，在华盛顿看来这是挑战了"白人眼里奴隶只能是'黑人'的社会惯例"。

牙刷被用作社会改革的媒介这一做法在现代美国仍在继续，本节稍后将加以讨论，但它最早的起源是跨国性的。1498年，中国皇帝首次提出牙刷这一概念，而现代牙刷（带毛的刷头和用手轻松抓握的细柄）出自英国克莱肯郡的威廉·阿迪斯（William Addis）之手。到19世纪中期，英、法、德三国是牙刷的主要制造商。在18世纪的美国，牙刷专供精英阶层，直至19世纪才开始普及大众。

19世纪，牙刷作为消费品声名鹊起，被解读为种族、阶级和性别政治的延伸，在物质文化中得以体现。欧洲帝国主义让白人探险家和殖民地官员接触到与他们迥异的人群。这些殖民"接触区"里身体暴力和隐喻暴力并存，殖民者试图通过奴役、强迫同化、身体暴力和性暴力，使自己与被殖民者迥然不同。在帝国主义影响下，对他者、不洁和疾病传播的恐惧蔓延整个维多利亚时代的英国和美国，使肥皂、清洁用品、白瓷以及象征洁净和家庭秩序的商品销售火爆。殖民地民众被认为肮脏龌龊，其广告形象也污秽不堪。到了19世纪末，包括牙膏在内的商品都以"殖民英雄和殖民场景"为特色，倡导商品在提升社会地位中的作用。世纪之交的美国继续把纯净卫生与白色商品联系在一起。玻璃器皿和白色铁石陶瓷搭配成为爆款，因为一眼就可看出是否藏污纳垢，阿德里安·福蒂（Adrian Forty）称之为"20世纪对清洁的关注"。北美的口腔卫生习惯也加剧了这些恐惧，口腔卫生产品承诺"唇红齿白，口气清新，笑容开怀"，散发绅士风度和文化气息。

一系列文化意识形态频繁见于当时的著作和广告，由此，牙刷被人们广为接受，走入千家万户。18世纪的美国，文化规范决定了一个人的动作、言语和表情。对嘴巴的控制包括不张嘴、不吐舌、收下颌。不拘小节之人与"下里巴人"无异。18世纪末，在英美社会的上层人士中，刷牙已经成为一种仪式，"定期刷牙和护齿"成为"清洁、牙齿干净和口气清新"的同义词。保罗·沙克尔（Paul Shackel）认为，牙刷的出现也代表了个人主义和"物质细分"概念的兴起，以及对牙刷从业者的规训。

如此一来，牙刷传达出一股财富和威望的气息，费利佩·安曼（Felipe Ammann）在研究19世纪末波哥大的共和党精英时记录了这一点。在一个与哥伦比亚精英有关的厕所里发现了一把牙刷，据安曼推断是19世纪70年代的巴黎货，是当时的奢侈品。它作为"规范的梳洗行为"的一部分，在精英和平民之间筑起物质和文化的壁垒。19世纪末，牙刷实现大规模机械化生产，终结了其在精英阶层欲望清单上的地位。

科尔曼（Coleman）对加拿大多伦多一栋19世纪末联排别墅的考古研究同样揭示了加拿大中上层社会对牙粉的梦寐以求。他挖掘出一个白色陶瓷牙膏罐，盖子上标注"阿特金森名品巴黎牙膏"。用于清洁牙齿的膏状和粉状物可以追溯到古希腊、古埃及和古罗马。然而，直到18世纪，口腔卫生产品才实现商品化，像阿特金森名品巴黎牙膏这样的牙粉直到19世纪中期才大规模生产。它问世于19世纪50年代，1914年管装牙膏面世把它挤出了市场。尽管打着出身巴黎的旗号，但这款牙粉其实是威廉·托马斯·阿特金森在多伦多制造的，他就职于著名的威廉-莱曼药品公司。该产品广告称其风靡各国，在"加拿大、美国、西印度群岛和欧洲大陆街知巷闻"。19世纪40年代，多伦多牙科诊所数量增长迅速，"大量年轻人开始当牙医学徒"。城市化、拥挤的城市以及细菌理论知识的匮乏造成了人们对疾病和大规模流行病的恐惧，这助力了阿特金森的销售。广告也推波助澜，将"牙膏从自制产品变成了20世纪初家庭必需品"。使用确保清洁和口气清新的牙粉，不仅能维护中上阶层公民的良好形象，而且对于关爱自己的家人也极为重要，因为"异味是……疾病的一种症状"。

霍森（Howson）对19世纪中期纽约中上阶级住宅卫生间和洗漱盆的研究，同样说明牙刷在较富裕人群中的普及。霍森指出，牙刷与中上层阶级可谓辅车相依，以至于"口腔卫生可能是阶级地位更敏感的标志"，因为牙刷是遗址中"最常见的与卫生有关的器物"。在19世纪50年代和60年代的沉积物中，竟然发现了17支牙刷，当时牙刷的制造尚未实现机械化，而且价格不菲。

牙刷的批量生产持续象征着对身体、清洁以及健康的关注。例如，霍顿（Horton）和贝克（Baker）观察了人们如何仔细检查墨西哥移民的口腔卫生和健康状况以确定他们是否有资格成为当代美国社会的公民。他们认为，在美国口腔卫生运动中，墨西哥母亲尤其遭受到不公正对待。首席执笔人对加州中央谷地的墨西哥人进行了为期9个月的实地调查，并采访了公共福利和卫生工作人员。她了解到，在学区组织的牙科和医疗检查中出现严重口腔疾病的儿童不可以上学。如果儿童口腔健康出现了问题，其父母也可能因此被指控忽视儿童，并受到儿童保护服务组织（CPS）的监督。霍顿的人种学研究表明，卫生专业人员和社会工作者试图将墨西哥移民的口腔卫生习惯"美国化"，并认为他们的美国公民身份取决于是否遵守西方牙科的护理标准。作为农场工人，移民儿童父母工资微薄，他们缺乏足够的牙齿护理，导致口腔卫生状况不佳。然而，政府官员并没有强调导致墨西哥儿童口腔卫生问题的经济和结构性条件，反而迫害移民家庭，指责他们没有达到成为美国公民要遵循的卫生要求，也就是霍顿和贝克所说的"卫生公民身份"。政府和社会改革家试图改变移民行为的做法并不是新鲜事物；自19世纪末以来，社会改革家们一直试图将移民的饮食习惯、医疗信仰、宗教习俗和服饰"美国化"。皮卡德（Picard）对20世纪早期夏威夷的英美改革家的研究为这一做法提供了历史范例。在卡帕亚（Kapaa）学校，夏威夷土著儿童被要求"每天进行'牙刷操练'"，皮卡德研究中的一张1930年的照片记录了这种做法。

拉斯金（Raskin）还探讨了当代美国边缘化和贫困社区是如何遭到牙科行业的诟病，蒙上污名的。她在阿巴拉契亚山脉中部贫困社区和为这里的病人服务的牙科护理人员一起开展人种学研究，揭示了农村贫困人口在获得持续牙科护理方面所面临的阻碍，她称之为美国牙科保健的"牙科不平等。"即使有牙科保险，看牙医的费用也高得惊人，这是他们未能定期看牙的主要原因。有些人负担不起全年或半年的牙科保健费用，如果去牙科诊所看病，被发现有牙齿问题时，就会遭到歧视。他们不仅会因为没有照顾好牙齿而受到责备，还被看作"肮脏、行为不检点"，成为各种"道德失范"的化身："家庭卫生不够'好'""食物选择不够'好'""工作不够'好'，无法承担医保"。

目前，牙刷行业的新设计价格不菲，很多美国人在经济上无法承受，而且还试图改变口腔健康并对日常牙齿保健方式提出批评。飞利浦Sonicare"智能刷头"电动牙刷，售价330美元，并配有一个应用程序，可供用户下载到手机或电脑上。该应用程序提供用户刷牙习惯的全面分析，精准到每颗牙齿的刷牙位置和所用时间。它还提供了一个"直言不讳的口腔健康教练"，教导用户如何改善他们的刷牙习惯。此款牙刷承诺"在短短2周内使牙龈更健康"，拥有"持久的清新口气"，以及比手动牙刷"多10倍的牙菌斑清除"效果。鉴于那些无力购买这种牙刷甚至连每年洗牙都负担不起的人群在国家卫生机构那里遭到的不公平对待，可以预见，这些数据最终会被医疗服务提供者和医疗保险机构用于拒绝向病人提供他们所需的护理和治疗，理由是他们没达到这个应用程序推荐的刷牙频率或清洁程度。

从茶杯到星巴克

牙刷在现代美国家庭中仍有一席之地，而茶杯已风光不再。茶杯在19世纪非常流行，18世纪末19世纪初，工业化的西方社会正经历巨大的社会和经济动荡。戴安娜·迪泽瑞格·沃尔（Diana dizerega Wall）记录了这一变化，她认为劳动力工业化重塑了美国家庭和两性关系。例如，1790—1840年，兼具作坊和住宅双重功能的房屋比例下降了大约65%。变化比比皆是，比如熟练工作贬值，劳动力商品化，人们需要更多的资本投入才能开办一家与大都市工业化相关而又盈利的商店。诸多因素导致大批工匠和商人外出谋生，从1790年的0%到1840年的超过60%。迪泽瑞格·沃尔称，这些变化使家庭的作用也发生了变化，从18世纪全家人赖以生存的居所，变成男人外出打工养家的生存模式，这种变化也加剧了性别差异。18世纪，家庭兼有住宅和作坊双重功能，雇工在这里生活和劳动。丈夫负责劳动以及"家庭成员的道德和宗教生活"，女性从19世纪开始负责后者。18世纪的美国，妇女既要帮丈夫干活，还要给全家制作"食物、蜡烛、衣服，甚至纱线和布"等日用品。迪泽瑞格·沃尔认为，直到18世纪末，茶叶在经济上对平民来说遥不可及，它的引进和消费形成了某种仪式，目的在于具化"19世纪美国文化鲜明的性别分离"。女性负责端茶倒水，家里专门辟出空间作为客厅用来饮茶。

约翰·贝德尔（John Bedell）对遗嘱认证记录（记录个人或家庭死亡时拥有的财产）的研究以及考古学数据都证实，到18世纪末，茶在美国家庭中已经很普及了，"至少有一半美国家庭……喝茶"。贝德尔对12个18世纪特拉华州宅邸进行了考古，并与其中4个家庭的遗嘱清单对照，以评估哪些属常见器物，并强调单一数据来源都不够充分。就像考古记录一样，遗嘱认证清单提供的家庭财产状况并不完整。例如陶器，包括茶杯，在18世纪的特拉华州很常见，但却常常未被记入遗嘱认证清单。贝德尔发现，一旦器物成为日常用品，遗嘱认证清单管理员往往对此不做任何记录。因此，一件器物可能在遗嘱认证记录中缺失，但在考古记录中却大量存在。这表明，在研究日常的普通器物时，需要同时进行档案和考古研究。

玛丽·博德利（Mary Beaudry）对马萨诸塞州纽伯里一个18世纪农场庄园所有权和考古历史的研究，提供了一个例证，证实了茶具和其他陶瓷制品如何帮助精英们维持和展现社会地位。住在该庄园的两个家庭，即纳撒尼尔·特雷西（Nathaniel Tracy）和玛丽·李·特雷西（Mary Lee Tracy），以及后来的奥芬·波德曼（Offin Boardman）和萨拉·塔潘·波德曼（Sarah Tappan Boardman）同属精英阶层，纳撒尼尔和奥芬以经商为业。博德利认为，财富虽然使他们一掷千金，地位显赫，但这种地位需要维护。家庭要调动资金，立身扬名，不管是于公还是于私的社交场合，都要举止规范，不差分毫。这种地位可以靠精美的陶瓷制品得到提升和粉饰。那些财匮力绌之辈会被社交圈排挤，狼狈不堪，颜面尽失。奥芬的日记证明了他对维系社会地位的重视。他在日记中详细描述了在家中经常举办的奢华聚会。在一篇日记中，他提到夫妇二人款待多达80位来宾。这些奢华聚会从波德曼家的瓷器就可见一斑，一半以上的瓷器（52.59%）与用餐有关。与此形成鲜明对比的是，储存和准备食物的器皿仅占总量的1.84%。这些瓷器形式多样，功能齐全，有"上菜碗、潘趣碗、盖碗、浅盘、酱汁船、水罐和水壶，以及多套餐盘和瓷盘"。茶具也很普遍，不过潘趣碗（足以招待多位宾客的大容器）的数量超过了与茶有关的器皿。日记还记录了两件"在被丢弃前至少有半个世纪历史"的中国古董瓷器和"一个巴达维亚茶碗和一个伊马利餐盘"，博德利认为波德曼家族"通过长寿和代际延续"实现财富的合法化。

斯蒂芬·布赖顿（Stephen Brighton）的跨国多地研究着眼于爱尔兰移民消费习惯的变化。他对两处爱尔兰住宅进行了考古比较，一处是位于爱尔兰罗斯康蒙郡的两座石屋（1820—1848），另一处是曼哈顿五角场两户爱尔兰移民家庭（1850—1870）。爱尔兰移民初到美国时，物质条件与爱尔兰贫困家庭一样匮乏。茶杯的考古发现以及档案证据表明，刚抵达美国的爱尔兰移民和农村贫困的爱尔兰家庭都喝茶，这一发现挑战了经济史学家的观点，他们认为茶叶在19世纪初农村贫困人口中是"消费有限的奢侈品"。与博德利描述的大量豪华瓷器不同，布赖顿在这两户爱尔兰人居住的小屋里没发现什么瓷器，他们只有"两套餐具，一套日常使用，另一套放在架子或五斗橱上用做摆设"。大部分瓷器摆件中都有茶具，可能是因为饮茶对培养社区和家庭成员之间的社会关系起到了重要作用。到19世纪中期，茶杯在爱尔兰裔美国人家中变得不那么举足轻重了，这反映了美国社会的转变，即社交聚餐首要是为了招待客人和家人。19世纪60年代爱尔兰裔美国人家庭中发现的样式繁多的器皿和餐具，反映了这种变化，从而使布赖顿得出结论："到美国时间越长，器皿越复杂。"因此，根据布赖顿的研究，19世纪末新的餐饮习惯开始流行，茶杯就日渐式微了。

与布赖顿一样，梅兰妮·卡巴克（Melanie Cabak）和斯蒂芬·罗林（Stephen Loring）对拉布拉多因纽特人使用欧洲陶瓷情况的研究表明，茶杯是19世纪中期美国家庭的标配，"甚至在加拿大和阿拉斯加偏远的北部地区也是如此"。与布赖顿对爱尔兰裔美国移民的研究结果相似，在19世纪中后期，当新的餐饮方式成为潮流，因纽特人对茶杯的使用率开始下降。发掘结果显示，在18世纪中期，茶具占因纽特人陶瓷使用量的33%，这个数字在19世纪中叶下降到了22%。卡巴克和罗林认为，瓷器在19世纪中期出现的频率较低，是由于新式欧洲陶瓷被"融入因纽特人的饮食方式"。他们指出，虽然茶具在因纽特人中很受欢迎，但是它们的流行并不一定反映因纽特人对欧洲饮食方式的适应。例如，英裔美国人使用的陶瓷餐具多为平面器皿，反映了他们消费食物的类型。由于因纽特人将"汤类或油性食物，如炖菜"作为他们传统饮食的一部分，他们使用的陶瓷器皿只有5%以平面陶器为主，其余95%为凹型陶器。饮茶也符合因纽特人的行为模式，与他们寒冷的环境相称，既能御寒又能提供"有组织的社交互动"。

尽管布赖顿、卡巴克和罗林的研究记录了从19世纪中期开始茶具在北美的流行程度有所下降，但对其他考古遗址的研究表明，19世纪末和20世纪初茶具仍被用于特定的仪式。依据不同背景，饮茶具有特定含义。威尔基对加州大学伯克利分校奇塔－普西（Zeta Psi）兄弟会的研究表明，茶具在男性空间也有一席之地。在校园里第一个属于奇塔－普西兄弟会的房子里，发现了瓷器和铁石茶杯，房子的历史可以追溯到19世纪末。在奇塔－普西第二栋房子的垃圾堆中，发现了铁石茶杯、日本茶杯、浮雕茶杯和一套印有该兄弟会徽章的茶杯和茶碟，这座房子可以追溯到20世纪初期至中期。19世纪初的茶会是为了传达社会地位，而在奇塔－普西，饮茶是为了"在兄弟会中烘托一种家庭和共融的气氛"，并加强"男人之间的兄弟关系"。威尔基因此得出结论，在奇塔－普西和其他兄弟会中，饮茶和使用陶瓷的意义与"他们母亲的家庭生活方式"有很大出入。

20世纪初，社会改革家将茶具作为一种平衡机制，可以用来帮助新来移民融入英美文化，消除种族不平等。对19世纪末和20世纪初洛杉矶的墨西哥裔铁路工人移民家庭的考古发掘和档案研究表明，儿童，也许还有成年女性，都收到过女性改革者赠送的微型茶具。考古学家发掘出了多个小型单色瓷茶具碎片和一个无头瓷器"冰冻夏洛特娃娃"。2%的瓷器包括餐桌上使用的茶杯，大部分是纯白的单线或双线设计。迷你茶具、小型家政用具和小瓷娃娃被用作"惩罚媒介"，用以纠正和改造"不当"行为。在波士顿一家城市合作社工作的改革者也用微型玩具来教导"下层"移民如何成为家庭用人，以达到"中上层阶级女主人所期待的家务标准"。纽约厨房花园协会的做法也如出一辙，用玩具来训练工人阶级女性成为家庭奴役的对象。

茶杯可以用来改变或维持一个人的社会地位，这种观念对当代美国读者来说可能有点儿陌生。随着19世纪和20世纪之交卫生标准的引入和提高，茶杯的文化和经济资本大幅减少。正是在这个历史关头，随着细菌理论在美国文化中的推广，一次性用品开始大行其道。美国人在清洁用品上的花费"在1900—1929年间增加了不止一倍"。随着便携、方便、干净、符合个人生活方式和需求的商品成为现代美国人的生活时尚，茶杯无处不在的社会意义开始减弱。一杯昂贵的星巴克或者皮爷咖啡与饮茶有异曲同工之效，因为它们既能彰显顾客的阶级地位，还能促其相谈甚欢。一次性杯子出现于城市卫生运动中，防止了细菌的传播。作为这一运动的一部分，纸杯从20世纪10年代早期开始面世，通过投币式自动售货机在公共场所出售。起初，美国人对纸杯的健康益处心存疑虑。他们宁可携带可重复使用的杯子或使用回收的杯子。他们有时会"从公共饮水箱里喝水，或把嘴贴在水龙头上或把水箱盖当作杯子接水喝"。1887年，M.C.斯通（M.C.Stone）推出了纸制吸管，算是为用杯子喝水提供了另一种"半卫生"的选择。不过，上市的第一批吸管也有缺陷。它们"被干燥的霉菌所堵塞"，因为容易断裂，有时需要好几根吸管才能喝完一杯饮料。

路易斯·哈普曼（Louise Harpman）和斯科特·斯皮赫特（Scott Specht）收集了大量塑料直饮杯盖，正在史密森尼美国国家历史博物馆进行数字展览。这些藏品记录了一个转折点：当美国人"认为一边走路、开车或通勤，一边喝着热饮很重要，甚至很必要"时，一次性冷热饮杯在美国就变得司空见惯了。据他们研究，美国一次性杯盖专利从20世纪70年代的9项，上升到20世纪80年代的26项。他们对收集到的盖子进行了分类："剥离式"，用"单手操作"的方式将开口向后打开；"风琴式"，盖子有个凸起的空间，用来装顶部有绵密泡沫的饮料"；"捏式"，需要用大拇指和食指打开；"开孔式"或"全杯盖"，以防饮用者被热饮烫伤，需要用力才能打开。作为世界上最大的一次性塑料杯盖收藏者，哈普曼和斯皮赫特认为，咖啡杯盖是一种"独特的美国现象"，反映了美国人以工作和生产效率为中心的快节奏生活方式。

汽车制造商认识到美国文化的这一转变，在汽车内饰中设计了塑料杯架。为了适应美国人"一直在路上"的生活方式，包括在车上吃东西，塑料杯架在20世纪80年代开始出现。图4-1中所示的塑料杯架是1992年福特金牛座车型上增加的一项功能。在汽车上安装塑料杯架之前，快餐业先驱麦当劳于1983年开发并销售了一款"逍遥骑士"塑料旅行杯，其特点是底座可以粘在汽车仪表板上。购买"逍遥骑士"杯，可以以优惠价格享受咖啡续杯服务。

即食产品的出现标志着重视社交及社区的文化持续衰退。今天，美国生活的方方面面都与19世纪的社交晚宴和茶会格格不入。诸如

图4-1 1992年福特金牛座的杯架。莱斯·乔根森拍摄/LIFE图片集，盖蒂图片社

比萨外卖、得来速快餐厅和咖啡屋等服务，以及最近兴起的优步外卖，成了生活常态，对于忙碌的美国人来说，曾经正式又有仪式感的进餐方式已成往事。本章所研究的器物捕捉到了美国历史和文化中这些关键的过渡性时刻。

日常器物的未来探索

历史考古学家保罗·穆林斯认为，正是在日常消费中，政治斗争才能一锤定音。他批评北美历史考古学家只对日常生活的"特殊主义"加以关注，而忽略平凡的事物是如何使权力结构常规化和自然化的。他认为，日常生活给"新的欲望和政治抱负"提供了想象空间，而商品的力量在于不仅可以重申社会结构，更可以对其施加挑战和破坏。这一点在克里斯滕森（Christensen）对两位女性改革者的研究中可见一斑：玛蒂尔达·乔斯林·盖奇（Matilda Joslyn Gage），1854—1898年住在纽约；梅·切尼（May Cheney），1885—1939年住在加州伯克利。她的考古学和档案研究表明，家庭空间不仅顺应时代规范的性别角色，也引领"家庭意义的改变"。茶具深受信奉"家庭崇拜"意识形态的女性欢迎，但人们发现盖奇家里也有茶具，考虑到盖奇作为女性权利"煽动者"的身份，克里斯滕森认为这些器物不应被解读为对时代性别意识形态的盲目接受。在盖奇家的茶会上，改革者们为他们面向"公共"空间的权利争论不休，充分展现出茶具的多元特质，而事实上，单一领域的意识形态并不如学者们所宣称的那样普遍。

然而，并非所有社会改革都是颠覆性的。本章介绍的若干历史及当代案例中，社会改革是以牺牲较不富裕的女性为代价的。20世纪早期的女性社会改革者宣称其他非英裔美国女性需要改革，从而再现她们的阶级地位，她们这样做是有过失和责任的。比如那些20世纪初在洛杉矶开展变革、推进美国化的女性改革家，她们以自己女性改革者和职业女性的身份，提倡男性给从事家庭工作的女性提供收入。然而，她们工作的中心是改造以及美国化墨西哥移民妇女的育儿方式、着装和饮食方式。正如之前我们讨论过的一个案例，在当代针对移民和农村贫困人口的改革中，与牙刷所起到的作用一样，这项工作仍在继续，并且以损害边缘化和贫困群体的利益为前提。

本章概述了日常器物的力量。尽管牙刷和茶杯最初标识一个人的阶级、性别和种族地位，但是这些器物还是在改善社会健康和福利方面，促进了激进的社会变革。在恰当的时间、地点用正确的方法刷牙，不但向外界展示一个人的世故文雅，也反映出这种修养的自我认知。后来，牙刷彻底革新了口腔卫生，减少了牙龈疾病和蛀牙，改善了全球整体健康状况。对于普通家庭来说，茶杯可以体现社会地位，但在社会改革者家里，它是社会行动主义的器物，是能够促进社会变革的器物。

平凡器物的未来探索也可能涉及当前的民族志学。研究可以着眼于升级换代的做法：例如，相比之下，消费者是否会长时间保留某些类型的产品？产品消费加速，或者换句话说，产品淘汰速度加快是消费者的兴趣，还是产品的设计使然？另一种方法是研究"计划性淘汰"的出现，它指的是被设计成保质期较短的器物。消费者对此有何反应？如果可能，他们会延长产品寿命吗？最后，人类学家应该继续研究人们如何以创造性而非制造商预想的方式使用器物。

本章前面提到的米勒对可口可乐在特立尼达消费的研究，正是批量生产的器物如何传递本地化意义的重要例证。本土可能会受到全球的影响，但正如这些考古案例研究所表明的那样，平凡器物的本土意义并非总是被归类至全球概念。

第五章

艺术

自 20 世纪至今

苏珊娜·克什勒/蒂莫西·卡罗尔

引言

　　20世纪的艺术品，散发出一种与科学、创新和发现紧密相连的气息，从一开始的不自然到后来的自然而然。20世纪上半叶，前卫艺术家们在"具象的科学"内努力耕耘。在《野性思维》一书中，人类学家克劳德·列维－施特劳斯（Claude Lévi-Strauss）对他们有过极其相似的描述。他们创造的华丽辞藻和引人眼球的形态同哲学中的存在与思维遥相呼应。崭新的艺术形式横空出世，科学、商业及市场惠及世界每一个角落。毋庸置疑，这一切使得前卫艺术对思想载体的形式越发敏感，并对相互关联方式进行尝试。凭借新科技，这些崭新形式（从新材料技术到新图像技术）令人如痴如醉。本章将追溯20世纪艺术品的故事，对舶来品与自制品艺术形式追根溯源，管窥其内在关联。究其本质，这个由艺术引发关联的故事是"人类学"的故事，关注艺术形式就是对关联概念的传记性及认知性本质的理解。因此，任何表明这种索引关系的器物或手工艺品都可以为我所用，并被称为"艺术"。有鉴于此，我们不能将其与艺术机构及其作品的故事（无论本土或全球）混为一谈，亦不能与关于创造力的描述（无论本土或全球的）相互混淆。

抛开艺术机构和创造力表达方式，本章将列举实例，表明艺术品被认同为关系索引（既往的、未来的），并由此构建新兴艺术经典的基础。这种艺术经典由根植于本土的作品组成，它们跨越文化畛域，并与西方传统思想中对艺术与科学持续的智力关注遥相呼应。如所有因果关系一样，这些索引关系都属于事后归因（post hoc attributions）。因此，矛盾冲突在学术界内部[如乔治·马库斯（George Marcus）、弗雷德·迈尔斯（Fred Myers）在1992年对土著艺术民族志调查的批评]及土著艺术环境内部（如第一民族的艺术家们对自己在商业画廊展出的沉默）凸显出来。

本章涉及的艺术品经过精挑细选，通过广为人知的案例分析方法，以列举实例的方式向读者诠释艺术及表现形式的重要转变。这些转变与20世纪的文化历史变迁交相辉映。这些艺术作品也许是本土文化历史的写照，但我们主要关注它们能否勾勒出认知模式。我们并非要否认艺术家可能受到的影响，而是要表明艺术作品的重要地位。每件艺术品本身就是一种认知行为，也是随后认识论形成的要素。通过此种方式，我们并非试图以艺术家作品"西方"与"他者"（other）的二分法为基准，也并非暗示可以在"世界艺术"的概念中找到解决方案。相反，我们追随卡尔·爱因斯坦（Carl Einstein）非洲雕塑作品（对特定时期德国艺术历史主义的批判）的脚步——卡尔·爱因斯坦是20世纪早期名不见经传的艺术史学家——同时阅读弗朗兹·博阿斯（Franz Boas）、克劳德·列维-施特劳斯这些理论家的作品，而他们都与卡尔·爱因斯坦的思想心照不宣、如出一辙。虽然方式有所不同，但他们都强调了对艺术及社会形式进行定性和正式调查的重要性，因此，从分析（即事后）和认识论（即激发直觉认知）角度出发，这些作品都至关重要。

这种对待艺术形式的方式，此处称之为"关系内涵"，一直以来只是19世纪和20世纪艺术史主导范式的旁文剩义。而其主导范式，此处称之为"视觉自然主义"，认为相对于观众所处方位，艺术创作过程的重心应该是艺术品的正面以及与观众的距离，从而决定了雕塑的图像方位。爱因斯坦将"视觉自然主义"定性为空间距离问题，但我们却对作品之间的关系以及通过艺术创作构建的关联情有独钟。视觉自然主义认为艺术作品是连接观众与艺术家的桥梁纽带，暗示艺术作品本身无足轻重，仅仅是具有象征和相对意义的中介而已。关系内涵的观点允许我们透过20世纪艺术的特殊现象进行思考。在这种特殊现象中，无人重视的艺术形式催生了焕然一新的艺术世界。

通常情况下，艺术品形式被视为"特定历史环境下参与跨文化流通"的战略起点。物质文化与表意文化彰显的理念同等重要，与艺术家们比肩作战的人拥有这样的理念，比如艺术收藏家、经销商和代理商。他们受到利益驱使，而这往往与复杂的政治和文化事件相关。本章对此不再赘述，而是要凸显艺术品形式本身产生的后果。这种艺术形式向审美接受能力宣战，令人联想到无形而又无法重构的内涵。阿尔弗雷德·盖尔将"图形手势"视为一种"构成行为"，而非表现行为，这一观点极为重要，我们表示认同。由此，我们追随了一些艺术家的思想，如艺术史学家卡尔·爱因斯坦（其非洲雕塑作品可以追溯到20世纪早期）、美国人类学家弗朗兹·博阿斯（他在同一时期提出了支撑艺术品之间关系的技艺性思想）以及法国社会学家克劳德·列维－施特劳斯（他将具体的逻辑理念作为文化研究的方法论和理论范式）。我们强调艺术逻辑与文化相辅相成，而非单纯地从中获取资讯，由此总结出20世纪艺术的认知潜力。

本章认为，作为"人造器物"，20世纪的艺术品是审美体系和形式风格的一部分。这些审美体系和形式风格具有索引性，彰显出人与人之间以及人与物之间纷繁复杂的关系。然而，值得注意的是，这种"彰显"起初并没有超越其自身的含义。爱因斯坦指出，艺术作为一个"整体"，"使具象理解成为可能，通过它，每一个具象的器物都变得超然"。正如蔡德勒（Zeidler）所言，这种"超然"绝非什么经验之谈，即盘旋于经验世界之上的纯粹思想或形式范畴；相反，超然是知识作为外部因素为了稳定自身而必备的内涵。正如盖尔所言，"人把神像文在身上作护身符，是因为这神像文在人身上，而非因为它'看起来'像是其他神像"。艺术，作为一个范畴和不落窠臼的独特器物，影响了更为广泛的社会与物质领域内的方方面面。它并非更高等级认识论框架下的一个附属范畴，相反，因为它是涉及关联及关联性的索引，所以，"艺术改变视觉"，"艺术品本身构成了一种认识和判断行为"。这并不止于知其然，也要知其何以然。正因如此，20世纪的艺术品及艺术机构催生了（进一步唤起了）标新立异的思想和别出心裁的自我表达。

迄今为止，我们通过否定表明了立场。我们既不跟风艺术机构的叙述，亦不遵循对创造力的描述；我们对视觉自然主义敬而远之，也对艺术品与更广泛的社会趋势之间错综复杂的关系诠释了艺术品形式和物质性这一理念不敢苟同。相反，我们认为，与日常所见事物相比，以器物形式彰显的关系结构更为纷繁复杂、变幻莫测。

我们认为，1900年之后我们亲眼所见的三种崭新艺术方法皆源自于对关系内涵可能性的关注。研究过去一个世纪艺术活动的方法可谓林林总总，而本章仅对这三种方法加以补充。这三种方法都与居于无形的指涉物的作用有所关联。这里提到的指涉物绝非视觉自然主义主导范式假定的那样，驻留于有形事物之中。这三种方法不仅可以条分缕析，而且在整个20世纪给艺术创作赋予了灵感，提升了人们的艺术接受能力。在不同时期，某种方法可能更受青睐，但所有方法都贯穿始终。第一种方法将无形与身体内在联系起来，包括情感以及人类世界的整体特征（既包括虚幻世界也包括现实世界）。第二种方法强调可视能力，彰显独立于视觉的转换特性、具化意识与无意识的状态以及感官通道的融合。第三种方法通过艺术表现中的缺失探讨了艺术品在理解关系内涵时的作用，这种缺失是通过回忆和超然物外的直觉表现出来的。

此外，还有三种艺术表现手法在20世纪艺术品创作中盛极一时，颇受欢迎。我们并不认为创作方法和表现手法之间存在一一对应的关系，但我们强调20世纪艺术品的多重组合性。实际上，艺术家可能使用两种及以上表现手法进行特定的艺术品创作。这三种表现手法分别是替代、模仿和内在。前两种表现手法在批评文学中赫赫有名，例如，继罗杰·沙蒂尔（Roger Chartier）之后的卡洛·金茨堡（Carlo Ginzburg）的作品，以及继詹姆斯·弗雷泽（James Frazier）和沃尔特·本杰明（Walter Benjamin）之后对魔法的人类学解释。我们认为，具象内涵的重要性在欧洲大背景下与日俱增，很大程度上是对来自世界各地手工艺品的回应。正如巴赫金（Bakh-tin）在《拉伯雷和他的世界》（*Rabelais and his World*）中所证明的那样，内涵表现手法本身对于欧洲的艺术创作传统并不陌生，但是却因现代性和科学理性主义的兴起而销声匿迹。舶来的手工艺品进入欧洲时，被统统收入博物馆等体验机构而非自然科学机构中。然而，就其来源而言，这些器物与科学平分秋色，同样具有举足轻重的意义。新器物的到来，充实了新建博物馆，使新建博物馆与科学博物馆分庭抗礼。艺术家们开始注意到，这些器物开辟了艺术品功能新途径，因为它们以新颖独特的方式展现了复杂的艺术行为。正是在这一点上，盖尔比较了先锋派艺术家和他们解读的艺术，这与更多（艺术历史的）观众的普遍观念形成了鲜明对比。

正如我们下节中更加详尽概括的那样，19世纪和20世纪之交的欧洲一方面见证了在艺术史及美学传统哲学中各种势均力敌的话语体系以及它们之间错综复杂的关系，另一方面也见证了殖民主义探寻（和偷窃）来的惊艳四座的手工艺品。舶来的手工艺品和材料样本被实施了本土化政策，进入到国家馆藏和研究机构，在全球艺术话语中留下了深深的殖民主义印记。在20世纪不同时期，对殖民主义遗产的迷恋、厌恶和否定，对林林总总的材料及形式产生了重要的影响，也左右了人们对它们的悦纳程度。我们对艺术的政治性不做深入探讨。然而，我们有必要强调殖民主义遗产带来的影响。伴随着更大范围的政治冲突（尤其在两次世界大战期间），殖民主义和后殖民主义时期首先催生了一场运动，与欧洲主导的例外论渐行渐远。而后爆发的全球范围的另一场运动朝着日益本土化的特殊论方向发展。

随后的章节言简意赅地介绍了20世纪初的背景，接下来，本章将阐述三种表现方法。第一部分，艺术与人类世界的内在性。这个部分探索了远离表面而倾向于无形的运动。第二部分，艺术是一种转化形式。这部分强调视觉媒介能够显示转化过程及人们看不到的特征。第三部分是本章的最后一部分，即再现"内在、缺省"的艺术。这部分将艺术的作用、对艺术思想体系的理解以及艺术思想体系内的各种关联看成主体间认知的纽带。我们之所以选择案例分析，是因为这些作品清晰地表达了对关系能力的关注，也显示了艺术品在利用关系能力时发挥的作用。本章并非包罗万象，也没有穷尽对作品的讨论，因为本章确实算不上另一部20世纪艺术史。我们只是选择范例来证实20世纪的发展趋势而已。

历史背景

在科学和社会重大变革的背景下，人们必须理解20世纪早期的艺术实验以及关于艺术形式本质的争论。这些实验和争论为文化的重塑做了铺垫。随着早期探险活动的兴起，贸易和探险在世界范围内得以蓬勃发展：人们携带器物、原料和人员满载而归，在工业界（从1851年的伦敦水晶宫伊始至今）一系列工业、艺术和技术世界博览会上进行展览；凡此种种皆对科学和社会重大变革至关重要。在伦敦，第一次世博会的战利品成为新博物馆的馆藏。同时，新原料（如橡胶）和人工制品（如纸桑树皮制成的布料）催生了无纺材料制造的新方法。这些新原料入住英国皇家植物园，成为经济植物学的馆藏（首个此类原料库）。新原料制成的手工艺品，风格独具特色，外观匠心独运，入住新近落成的展示装饰艺术的维多利亚与阿尔伯特博物馆。而介于这两类器物之间的手工艺品，则被收入大英博物馆。人们认为这类手工艺品更具普遍分类意义，它们可以绘制世界各地文化图谱。几乎与此同时，人工制品或原始形态的新材料从世界各地纷至沓来，工业制造业开始抓住机遇，开动脑筋，利用诸如钢铁及橡胶等具有无限延展性材料从事新型生产活动，生产诸如橡胶潜水服和消防水管等新型产品，从而使大规模生产成为可能。到1870年，邮购目录敲开了通向器物新世界的大门，每个目录都有不同年龄和性别的消费群体。客体化（objectification）概念构成了新唯物主义哲学基础，由此，器物被视为主体替代品。原料合成再造技术姗姗来迟，直到20世纪40年代晚期方才问世，但是在新材料性能与机器技术启发之下，人们开始热衷于产品的外观。这推动了1907年早期塑料（称之为电木）的发展，史无前例地给日常物品赋予了各种颜色。文化想象力的舞台已然搭建，人们可以领会器物世界的转化、节奏和诠释的概念，并创造出新的器物外展模态。

第一部分：艺术和人类世界的内在性

19世纪和20世纪之交的维也纳是知识与艺术发展中心，在欧洲现代性进程中遥遥领先。许多赫赫有名的艺术家和知识分子，如亚瑟·施尼茨勒（Arthur Schnitzler）、约翰·施特劳斯（Johann Strauss，小施特劳斯）、西格蒙德·弗洛伊德（Sigmund Freud）、马克斯·莱因哈特（Max Reinhardt）、古斯塔夫·马勒（Gustav Mahler）、古斯塔夫·克里姆特（Gustav Klimt）和西奥多·比洛斯（Theodor Billroth）等，出没于各种沙龙聚会。沙龙的主持人往往是颇具影响力的女性，比如贝尔塔·扎克坎德尔（Berta

Zuckerkandl），她本人是一名生物学专业学生，研究达尔文进化论。贝尔塔的沙龙风生水起，颇受欢迎，这源于她对现代性的满腔热忱以及科学家与艺术家之间思想的自由碰撞。她的丈夫埃米尔（Emil）是一名解剖学家。她们两人向古斯塔夫·克里姆特介绍了罗基坦斯基（Rokitansky）和达尔文的思想。埃米尔·扎克坎德尔（Emil Zuckerkandl）还邀请克里姆特观察了尸体解剖的过程。他为艺术家、作家和音乐家们举办了一系列讲座，主题涵盖细胞生长、子宫内的胎儿发育以及子宫内部的奇妙世界，等等。根据贝尔塔的记载，埃米尔曾说："只需一滴血，一点儿大脑物质，你就会被带到一个童话世界。"与此同时，西格蒙德·弗洛伊德正在开始采用新的心理治疗法来治疗病人。先前，人们通过骨相学了解一个人的人格及道德品格，这是基于被试头颅的视觉外观及头颅突出部分的比例。现在，对人体内部构造的研究逐步取而代之。在某些方面，虽然它们大相径庭，但心理活动（弗洛伊德）、身体内部运动（罗基坦斯基）以及子宫、细胞和微生物内部运动（扎克坎德尔）都表明人们对人体外部的真实性越来越心怀不满，同时诉求向人体内部探寻以便找出真相。这些都是20世纪初维也纳独具特色的"内转向"（inwardturn）元素。

　　克里姆特的作品紧随这些科学进步的脚步而变化。这一点在他的作品《阿黛尔·布洛赫－鲍尔肖像》（*Portrait of Adele Bloch-Bauer*）中可以得到清晰的印证，在这幅肖像中，衣服上灵动的图案并非艺术化的眼睛（许多人或许如此认为），而是画中人物的身体细胞（图5-1）。为了如实展示布洛赫－鲍尔夫人的本色，克里姆特并没有为她披上华丽服饰，而是与她身体的组织结构进行对话。这种

图5-1 《阿黛尔·布洛赫-鲍尔肖像》，古斯塔夫·克里姆特（1862—1918）。
1907年。布面油画，1.38米×1.38米，贝尔维德雷博物馆，维也纳。照片来源：
克里斯托夫艺术摄影，盖蒂图片社

向生理机制的转变属于更广泛的运动，这种运动向视觉本身的功能及其认识论提出了质疑。

在20世纪早期的艺术创作背景下，艺术作品大多固守视觉自然主义成规，在更广泛的艺术批评领域内，学界辩论所关注的都是三维与二维形式之间的运动方式，其中以爱因斯坦对希尔德布兰德（Hildebrand）和齐美尔（Simmel）的批评最为引人注目。插画应力求视觉线条的扁平画法，双方对此并无异议。正因如此，立体主义等运动力求展现同一物体的多个有利视点。希尔德布兰德注重远距离、单一视觉的艺术手法，这有利于浮雕的创作。立体主义虽与此有所不同，但仍然采用同样的视觉自然主义，提倡三维空间衍生为两维空间，对多视角透视主义只稍做调整。因此，立体派肖像画捕捉了同一个坐姿主体的多个局部视角，但仍采用插画扁平化手法，将三维结构置于扁平的视觉平面上。正因如此，杜尚（Duchamp）的画作《下楼梯的裸女，第2号》（*Nude Descending a Staircase, No.2*，1912）导致了他与立体主义运动的决裂。因为这幅作品虽然在形式上是满溢画布的立体主义，但它从根本上颠覆了立体派的视觉自然主义和广为认同的艺术表现手法。迈布里奇在19世纪末对物体的运动颇有研究［最著名的摄影作品是《裸体》（*Nude*）及他在1887年拍摄的《下楼的女人》（*Woman Walking Downstairs*）］。与迈布里奇一样，杜尚笔下的运动人物并不是三维过渡为二维。相反，它是四维向二维的过渡。杜尚创作的《裸体》并非只是呈现一个静止人物的多重视角，而是对运动的探索以及对时间推移产生的视觉化表现。

亚历山大·考尔德（Alexander Calder）的动态雕塑闻名遐迩，

究其原因，是因为他的作品与持续时间和运动有关。这种艺术形式通过捕捉和映射时间的客体来表达概念。实际上，杜尚命名为"mobiles"的动态雕塑在开阔空间里随着气流而动。考尔德出生于艺术世家（父亲是雕塑家，母亲是肖像艺术家）。他接受过正规的机械工程师训练，在数学领域出类拔萃。动态雕塑以平衡性及制衡臂与桨的延伸轨迹为特征，蕴含了数学知识，需要观众耐心品味。他早期的作品《考尔德马戏团》（*Cirque Calder*，1926—1931）由金属丝框的动物、独轮车手和走钢丝的人构成，考尔德亲自动手为观众示范，与此类似，他的动态雕塑也是一种表演。尽管有些严肃，但考尔德的作品仍带有一丝丝俏皮的元素。这能让人们想起杜尚的"mobiles"法语双关意义：运动和动机。许多关于考尔德作品的评论都提到了蒙德里安（Mondrian）对他的影响，但就抽象概念而言，考尔德采用大胆、灵动的形状的提议并未得到蒙德里安的认同。考尔德动态雕塑的手臂悠然摆动，运动和舒展使平衡和制衡部件之间的关系变得一目了然[某些情况下还会发出声音，如1953年《带红蓝点的天线》（*Antennae with Red and Blue Dots*）]。画廊内微风徐徐，动态雕塑随风摆动，观众们凝神屏息，目不转睛。每件作品都别具一格；这是因为构造设计虽然一样，但各部位的运动让节点的形状变化无穷。有鉴于此，作品的内在性变幻莫测，而外表则时静时动。杜尚和考尔德，与弗洛伊德和克里姆特几无二致，都指出了内部和外部大相径庭，并强调无形之处是复杂的、交互式的体验的构成要素。

第二部分：艺术是一种转化形式

1916年，格奥尔格·齐美尔（Georg Simmel）撰写了一篇关于伦勃朗（Rembrandt）的文章，指出他领悟到了艺术形式的诗歌属性，其逻辑有助于获得语言本身赋予的直觉感观和理解，这是语言无法替代的。齐美尔呼吁用艺术社会结构来表达人的"内心生活"，而社会结构的"艺术"与艺术功效的敏感性产生共鸣。艺术功效广为大众接受，无与伦比。最初，齐美尔的兴趣转向艺术作为复杂关系的索引时，许多学者都在苦苦探寻人之为人这一本质问题：美国人类学家弗朗兹·博阿斯出版了第一部专著《原始艺术》（*Primitive Art*），书中阐述了以物质形式表现语言的艺术技巧[1]；德国艺术历史学家阿比·沃伯格（Aby Warburg）提出了一个术语，试图将其确定为"情念形式"（pathos formula）[2]，使形形色色的图像彼此相互关联；西格蒙德·弗洛伊德将精神分析法发扬光大，揭示了自我与本我之间内在的复杂系统关联，从而阐明了人格的定义；沃尔特·本杰明在《译者的任务》（*The Task of the Translator*）一文中，聚焦名称的象声性，而名称连接着概念与物质世界，译者可以识别它们之间的连接并充当文化抵抗的媒介。

20世纪初，盈千累万的手工艺品纷至沓来，它们来自贸易新领地和帝国主义扩张的地盘。这些手工艺品足以演绎出人类对人格和社会的共识（在面对殖民主义和法西斯主义崛起时，这些认同方式有时是颠覆性的政治主张），这早已司空见惯，不足为奇。植物标

1　1916年，博阿斯在一篇论文中首次概述了他对艺术技巧的看法，并在1920年奥斯陆的演讲中进一步阐述了这个观点。这些演讲后来收入1927年的《原始艺术》。——原书注

2　1905年，沃伯格在系列演讲中首次提出这个观点，这一观点在他去世后出版的《忆神图集》中再次出现。——原书注

本、鸟类、爬行动物、昆虫和两栖动物被收入新建民族志博物馆馆藏。除此之外，人们搜罗不计其数的手工艺品，作为研究民族志学和人类学等新兴学科的依据。20世纪上半叶，欧美国家主要利用空想民族志（armchair ethnographies）为这些新兴学科添枝加叶，而俄罗斯拥有自己的土著居民，可以直接对社区进行实地研究。俄罗斯民族志学实践命运多舛，让我们熟悉了器物世界潜能最根本的表述，这种表述后来被沃尔特·本杰明称为器物语言。1911年，民族志学实践首次见于欧洲绘画，当时瓦西里·康定斯基（Wassily Kandinsky）展出了他的画作《圣乔治与龙》（*Saint George vs Dragon*，1911），画中，圣乔治胯下骑着一匹浑身布满金色斑点的蓝色骏马。这幅画作让人们把圣乔治与西伯利亚萨满师联想在一起。这匹骏马的花斑颜色融入了当地的萨满教图像、仪式鼓声、萨满教术语以及骑乘概念，产生了转喻与联觉特征。西伯利亚萨满师利用这些特征作为内在与外在世界之间的传输渠道。在俄罗斯，西伯利亚萨满教已经得到了充分的研究及描述。康定斯基的民族志学研究在他的回忆录中有所记载，但人们却很大程度上对此置若罔闻，因为普通老百姓更青睐于他后期的作品。他后期的作品将对西伯利亚萨满教来说至关重要的联觉或跨感官体验转化成了绘画形式。康定斯基在莫斯科求学时，俄罗斯皇家自然历史、人类学和民族志之友协会将其招募为成员，以此答谢他在夏季前往沃洛格达省调研途中撰写的一篇文章。当时的沃洛格达省仍是遐州僻壤，人迹罕至。文章蕴含丰富的民族志学观察，在寻求对其后期艺术发展的影响因素时，艺术史学家基本上没有触及这些材料，但它们极富价值，并被录入研究西伯利亚民族志学的出版物。他在回忆录《里克布利克》（*Rück-*

blicke）里这样写道，萨满教习俗令人印象深刻。此外，让人难以忘怀的还有那些四壁光鲜艳丽的房子，墙上布满了一幅幅图画，"就像绘出的一首首民谣"。他对民族志学，尤其是西伯利亚情有独钟，个中缘由是他的父辈家族来自俄罗斯与蒙古交界、西伯利亚西部沃洛格达省附近区域。康定斯基母亲的家族来自德国波罗的海沿岸。康定斯基离开莫斯科前往德国求学，多年以后，康定斯基仍将彩色声景的共鸣作为跨文化交际的手段和表达方式。鉴于他复杂的身世，我们对此就不难理解了。很大程度上讲，人们有必要留意他个人的生平见地，因为它们凸显了来自民族志学实践的各种影响。民族志学实践已然与欧洲艺术传统水乳交融，合为一体。康定斯基的民族志学作品及其家族史也许并非独一无二，但毋庸置疑，它们影响深远，在整个20世纪反思艺术品潜在价值方面开辟了先河。

　　器物收藏品与殖民和民族志学息息相关，它们被用作思想载体，穿梭于文化之间，转变着人们的理解方式。作为私人藏品的非洲雕塑的到来使得器物收藏成为可能，这些雕塑的主人与艺术界关系密切。在德国，桥梁（Die Brücke）艺术家麦克斯·潘奇曼（Max Pechmann）和埃米尔·诺尔德（Emil Nolde）在恩斯特·路德维格·基什内尔（Ernst Ludwig Kirchner）的影响下，分别访问了新几内亚岛和帕劳岛。基什内尔于1904年在德累斯顿民族志博物馆（Dresden Museum of Ethnology）首次接触到大洋洲艺术。同样，总部位于慕尼黑的布莱·雷特集团（Blaue Reiter group）用民族志博物馆馆藏来激发人们的创作灵感。亨利·马蒂斯（Henri Matisse）分别于1912年和1913年访问了摩洛哥，保罗·克利（Paul Klee）、奥古斯特·马克（August Macke）和路易斯·莫里埃（Louis Moilliet）一道于1914年前往突尼斯。在那里他们的创作从人工制品的形式转向从纺织品和环境中观察而来的抽象图案和形状。实地观察后，他们回到工作室对它们进行重新塑造。马蒂斯早期观察了光线与色彩的相互作用、画布的三维错觉以及纺织品折叠和皱褶的表面，这些观察给绘画叙事和情感赋予了鲜明的民族志学特征，在摩洛哥壁挂、墙纸和回纹装饰中可见一斑。除了敏锐地观察到在画布上表现出来的众多索引特性，马蒂斯还积极探索纺织品赋予的几何思维的认知特性。正因如此，在20世纪30年代前往塔希提岛时，他才能够追随保罗·高更（Paul Gauguin）的脚步。20世纪30年代和40年代，在塔希提岛上，拼布工艺床罩（*tifaifai*）的缝制具有典型的文化特征，远近闻名。床罩上的几何图案别具一格，令马蒂斯开始重新审视高更运用的透视法。这种方法在高更类似雕塑的塔希提岛绘画及饰边中有所刻画。塔希提岛纺织品和拓扑几何学对马蒂斯有所启迪，由此他将三维形状转换为二维外观，让他有了创作彩色剪纸拼贴画和彩绘玻璃窗的灵感。在马蒂斯与波林·席尔（Pauline Schyle）的往来信件中，人们得知马蒂斯拥有两个拼布床罩，但并未被列入他的藏品之中。20世纪40年代，马蒂斯寄给席尔夫人一张照片，照片背面记录了拼布床罩对其剪纸作品的影响。克莱因还提到了安吉拉·乐维（Angela Levy）一篇未发表的研究论文，该论文在马蒂斯的剪纸和塔希提岛拼布床罩之间构建了妙趣横生的关联。

　　20世纪上半叶，对器物转化的探索拓宽了跨感官与空间维度，塑造了艺术家的想象力，这种探索和与人类学家鲜为人知的交流相得益彰。理论家克劳德·列维-施特劳斯颇具影响力，他致力于揭示传记文学关系范式。在战后的法国，他让面具和神话故事家喻户晓。埃德蒙·利奇（Edmund Leach）与施特劳斯不分伯仲，在战后的英国，他强调了数学和几何在构建复杂社会系统模型中的作用。1984年，现代艺术博物馆举办了首届人类学与艺术关系回顾展——"现代艺术中的原始主义"（Primitivism in Modern Art）。回顾展开幕式几乎完全聚焦于后殖民时代的知识环境，在这种背景下，人类学与艺术的相互作用得以拓展。关于艺术如何能够改变理解的话题，人们已经不再纠缠不休。艺术服务于变革，这种变革也促使艺术家和人类学家探求艺术的潜质，而艺术的关系性、能动性和语言性潜力在世纪之末已被数字技术所取代。看似功能强大的数字技术记忆，让人们不再担心服务于记忆的错综复杂的转换。新数字技术横空出世，图像和声音容量与日俱增，并实现了流式传输，物质转换的记忆能力曾经一度无所不能，而如今却已风光不再。

　　20世纪末，通感和知觉之间的转换被解读为一种神经现象，但在20世纪初，它已然成为一种适应文化的潜力。康定斯基和克利是举世公认的通感艺术家。某些情况下，他们的视觉艺术作品，如康定斯基的《赋格曲》（Fugue，1914）或克利的《阿德帕那松》（Klee's Ad Parnassum，1932）显然就是听觉领域的视觉化再现。在其他艺术家看来，如乔治亚·奥基夫（Georgia O'Keeffe），声音与图像之间的转换就是试验和探索如何认识感官现象的过程。进行艺术创作的同时，这些艺术家还积极参与本学科的组建。他们在包豪斯从事教学活动，出版纲领性论文，如康定斯基关于风格的论文以及克利的教科书《教学概略》（Pedagogical Sketchbook）。在《艺术中的精神》（Concerning the Spiritual in Art）一文中，康定斯基详细阐述了他的风格论，即将内在韵律（Innere Klang）转化为情感形式：他认为"每幅画都是被禁锢的人生",因此,通过其内在关系,每件艺术品都能与音乐产生联系。将音乐中韵律与数学抽象结构转化为重复的色彩音符让色彩变得灵动起来。克利的《教学概略》以简单的"活跃线条"(active line)开篇布局,构建了一种线、形、色的定性数学,给静止平面图像赋予了情感与灵动。

无独有偶,奥基夫的早期作品也将内部情感世界表达得淋漓尽致,活灵活现。她的炭笔素描作品尤其如此,她的朋友把这些作品引荐给291画廊。该画廊的主人阿尔弗雷德·斯蒂格利茨(Alfred Stieglitz)是一名摄影师、艺术收藏家,奥基夫将情感注入线条的能力让他深深叹服。[1]单色素描,如《青蓝之音》(*Blue and Green Music*),开启了艺术表现形式的转换能力,即特意而为之的跨界运动。《青蓝之音》源于一位艺术导师的邀请,她受邀用绘画描绘出这首乐章在乐坊里演奏的乐律。康定斯基和克利认为颜色是对声音的生理反应,但是奥基夫却不这么认为,她让听到的风景跃然纸上,通过模仿再现的形式释放情感。有鉴于此,康定斯基和克利利用自身通感体验来转变艺术创作形式,而奥基夫的作品则缔造了一个试验空间,允许人们探索作为艺术洞察力媒介的通感。奥基夫和斯蒂格利茨最初因炭笔素描相识,而后他们确立更长久的关系并结为伉俪,专业上相互扶持。斯蒂格利茨的肖像摄影(奥基夫裸体肖像闻

---

1 在给奥基夫的信件中,这位朋友引用了斯蒂格利茨的话:"你说这些作品出自一位女子之手?这位女子与众不同,心胸宽广,比大多数女性的视野都开阔,而她的情感却又如此敏感细腻。我就知道此乃女子做作,看那线条……(停顿了很久)你会很快给这位女士写信吗?告诉她,它们是很长一段时间以来收入291画廊中的最纯粹、最美好、最真挚的作品。我愿意在画廊中展示它们。"——原书注

名遐迩）利用视觉效果同样彰显了情感和人物特点。

这些情感特质以及非物质转为物质的可能性与伊夫·克莱因
（Yves Klein）的作品有着深切共鸣。伊夫·克莱因的《单调交响乐》
（*Monotone-Silence Symphony*）最初构思于1947—1948年[与凯奇的
《4分33秒》（*Cage's 4'33"*）同时出现，尽管两个作品互不影响]，
并于1960年3月举行首秀演出。原定由70人组成的声势浩大的声乐
和管弦乐演奏最后缩减到由10名乐师演奏，克莱因亲自上阵指挥。
尽管音乐规模有所缩减，但这次首演方式独特，意义深远。100位
嘉宾受邀参观巴黎国际当代艺术画廊，伴随着悠扬的音乐，克莱因
现场创作了《蓝色人体测量学》。3个模特用蓝色颜料涂抹自己和对
方的身体，将他们原本裸露的身体贴在墙上的艺术画纸上，并在地
面的画纸上相互拖拽。本场演出使用的克莱因合成群青色颜料，在
两个月后获得了专利，简称IKB（国际克莱因蓝）。这场视觉盛宴只
应和了交响乐的前半段。20分钟内，交响乐只有一个音符（D大调
和弦），中间无变化，无颤音，无停顿。这个音符突如其来，张力十
足，进行到一半时戛然而止。随后全场寂静无声，克莱因、乐师们
和模特们纹丝不动。在场者注意到，首演场地没有空气对流，100多
人挤进整个展演空间，瞬间带来丝丝暖意。克莱因的艺术项目是一
场运动，倾向于非物质性（immateriality）与姿态。他有意使用单一
颜色，与模特合作，时而给予指导，而多数情况下让他们自由表演，
艺术家不直接参与艺术创作。在他看来，这些尝试就是非物质性的
实现。在"概念艺术"成为公认流派之前，现场表演、声音、热情、
色彩和人体的诸多混合因素曾一度拓宽了艺术界限。克莱因对这场
交响乐作了如下描述：《单调交响乐》中持续不变的独特声音"摆脱

了时间现象学的束缚"。这场盛宴对听众产生了极大影响。许多参加后续表演的人都注意到了这种艺术带来的情感冲击、洞察力和微妙之处。克莱因财产档案管理员丹尼尔·莫奎（Daniel Moquay）特别强调了沉默的影响，他说："当你深深陷入沉默时，你会意识到沉默并非空空如也。"正如普韦尔·阿普·斯蒂芬（Pwyll ap Stifin）所言，沉默是实物，是特定条件与意图的结合体。克莱因早期的单色画中，每一幅作品的尺寸和颜色都独一无二，人们对这种画作的接受程度让他颇为失望，于是他发起了蓝色运动。观众们试图找寻他作品中的意义，将颜色与克莱因的生平联系在一起，或暗示这些作品是前卫的内心构想（interior design）。然而，这种表现形式并非是克莱因的目的。相反，克莱因努力用他的艺术再现或体现非物质性。一件件悬挂在画廊墙壁上的作品，用他自己的话说，就是"我的艺术之灰烬"。对克莱因而言，这种表现艺术的姿态本身就是一种浸渍。海绵能够吸收 IKB 色素，在追求非物质性过程中，与黄金一样，海绵变得同等重要。克莱因解释说，作为一种基本光源，黄金"浸渍了画作，并赋予它永恒的生命"。因此，人们可以认为艺术能赋予观众体验某种东西的能力，这种东西不是具象的也不是模仿的，而是可以浸渍的。因此，它具有的超越性类似于爱因斯坦的内在超越。

就模仿和再现而言，基于计算机的当代艺术创作运动模糊了艺术家、意图、艺术品及创造性想象作用之间的关系。这一点在（人类）艺术家摆脱艺术作品创造的过程中尤为突出。此间，有机风格（organic）向机械美学（mechanical）逐步转变，情感由主观存在（类似于弗洛伊德的本我）向离身模式（Disembodied code）逐步迁移。例如，从1973年开始到2016年离开人世，哈罗德·科恩（Harold

Cohen）一直致力于人工智能的开发，用电脑编程创造了一个名为亚伦（AARON）的自主艺术家（autonomous artist）。起初，科恩只给它设定了抽象图像绘制程序。20世纪80年代，科恩开始教它如何绘制具象图像。最初，这个程序只能画出无生命物体，多数为静物；最后，它可以描绘有生命的物体以及人类。20世纪90年代，科恩赋予亚伦绘制场景具象图形的能力，随后他又赋予亚伦涂色的自由。

亚伦及随后出现的自主计算机艺术家[如奥利弗·德乌斯（Oliver Deussen）、托马斯·林登梅尔（Thomas Lindenmeier）的电子大卫，或西蒙·科尔顿（Simon Colton）的"绘画傻瓜"]模糊了施事因果关系（agentive causality）的界限。"绘画傻瓜"等推陈出新的项目，编码可以使它们在绘画过程中做出主观、情感驱动的决定（例如阅读一系列新闻报道后做出反应），而亚伦通过执行命令编码而非情景学习进行创造性创作。科恩写下每列编码，经年累月打造亚伦的总容量和技巧。因此，"艺术家"和"艺术"某种程度上可以合二为一。在没有科恩的输入或指令下，作为艺术家的亚伦可以打造原创艺术，尽管如此，它本身还是科恩艺术造诣的类艺术索引。亚伦源于科恩对极简派艺术表现和控制论的兴趣，是一种对复杂系统行为的探索和实验。同样值得注意的是，亚伦不仅仅是一种索引，它本身更是一种错综复杂的系统。久而久之，这个系统就囊括了整套编码（起初是C语言，后来是Lisp语言）、各种绘图仪器（最初是一个特制的"乌龟"）、喷漆机和喷墨打印机。有时，科恩让亚伦单枪匹马独自上阵；有时，他与亚伦"并肩作战"，亲自为作品着色。实际上，亚伦是这三种表现手法的一个分层。首先，科恩的程序可以代替他本人再现他自身的绘画技巧和技术知识。其次，在运行编码时，亚伦效仿"真正"的艺术家，表现一种艺术行为。从20世纪80年代开始，亚伦学会了具象图像的绘制，这些图像也是对真实器物（首先是无生命体，最后是人类）的模仿。然而，有一点值得注意，那就是亚伦从未见过这些器物。它并不是根据（网络）视觉输入进行绘画的（与科尔顿的"绘画傻瓜"有所不同）。不存在超越图像的任何事物，在这个意义上，亚伦创作的艺术作品实则是其内在的表现。

亚伦，尤其"绘画傻瓜"这样的案例，妨碍了我们对能动性及意向性的理解，但它们或多或少还是受制于某种可预测性与服从性。[1]如同"恐怖谷"（uncanny valley）一样，这里有一个令人不安的元素。在"恐怖谷"中，这种元素并非人类，但是却具有人类学特征，通过主体间性可以识别这种人类主体的延展。因此，尽管人工艺术家创造的艺术作品逐新趣异，但是此时，人们也许最好将它们看作程序的躯壳，而这些程序本身才是真正的艺术品。

人们对艺术的传记、主观和情感方面的重视，在20世纪上半叶产生了深远影响。20世纪末，在新兴数字和材料技术的背景下，这种重视再次得以赓续传承。数字和材料技术所及之处带来前所未有的挑战，对普遍接受的人格与集体表象观念产生了巨大冲击。20世纪初，帝国鼎盛时期的艺术收藏对于反思社会与文化中艺术形式的作用至关重要，而在世纪之末，移垦社会（澳大利亚、美国及加拿大西北部、新西兰）艺术在展览和私人收藏榜上位居前列。编码的亚伦是一件艺术作品，同样，第四世界背景下人们也试图打造类似

1　然而，值得注意的是，科尔顿正在使"绘画傻瓜"实现完全人工智能化。——原书注

产品，有意操纵观众的直觉情感和联想识别。人们对这些作品褒贬不一，足以说明人们复杂的意图。这些意图让艺术的社会形式重新构想社会形式的艺术，提供一些小隐于世的反抗和控制策略。

美国西北海岸的艺术形式因其复杂的风格而远近闻名，人类学家克劳德·列维－施特劳斯关于裂分表现（split representation）的论文对此有过著名的论述。一个图像被一分为二，两个部分相向而立，这种风格在亚洲和美洲艺术中同样存在。将图像一分为二就是图像由三维到二维转化的艺术创作过程，列维－施特劳斯对此追根溯源，指出拥有社会有效地位的人的概念裂分亦是如此，这种裂分方式体现了等级社会的划分。在这种等级社会中，男性争夺社会结构及宗族家世赋予的地位，这些地位超越了个人的存在。世代人类学家和艺术史学家对动机（motivic）构成的精湛技艺与复杂性，作为独特的元素与组合规则，都进行了充分的研究。当代艺术作品创造的目的显然不是为了在移垦者（殖民的）画廊中抛头露面。对风格逻辑最独特的运用具有讽刺意味，激发了人们不同的见解，这种见解具有直观性和主体间性。这种风格在把人们牢牢聚拢的同时，又把另一些人拒之门外。如果西北海岸艺术作品的思想通过其模式的认知特征暗中构建了理解方式，那么新西兰的毛利艺术张扬的思想则挑战并重构了艺术思想，且将个人努力融入独一无二的集体主义。与西北海岸的美国印第安艺术并无二致，雕刻的毛利房屋结构复杂，外观现代，把那些不了解这种艺术形式的人拒之门外。然而这却是通往新西兰白人（Pakeha）身份的敲门砖，神圣不可侵犯。由于严格控制原材料的获取途径，无人知晓毛利人艺术创造的窍门。有鉴于此，毛利人独特的身份得以保留，与更广泛的新西兰背景隔绝开来。同样以图案为基础的澳大利亚原住民的丙烯画也涉及了复杂的过程，即将拓扑学构思的几何图形转移到二维表面上。与传统的毛利人创作过程相比，澳大利亚原住民的丙烯画显而易见有着截然不同的创作轨迹，这很大程度上取决于选材及其来源。20世纪70年代，因艺术教育目的，丙烯颜料走入了训练营，原住民丙烯绘画由此诞生，随后迅速走红国际艺术市场，它活力四射，似乎还有些桀骜不驯。与土地、流动性和身份的描述一样，风格认知特征、材料和消费者想象力之间的契合深深扎根于20世纪的最后20年。在此期间，数字网络开始动摇单一民族国家对想象力的控制，从而支持了所谓的"作为新现代主义的澳大利亚土著艺术现象"。它们似乎是"绘画文化"，但原住民作品必然有间接表现手法。由此，就市场饱和度而言，这种作品唾手可得；同时，就这些艺术品的理解而言，它又遥不可及。因此，这些作品，与新西兰艺术和美国西北海岸艺术如出一辙（从艺术市场的眼光来看），是由类机器人生产的，所以，尽管艺术形态的作品以审美为目的，但（和亚伦的作品一样）就主体间关系的可能性以及从社会形式到艺术的可转换性而言，人们很难理解这种作品形式。

在亚伦的作品中，程序的不可接近性是艺术创作中技术基础不经意间产生的附带效果，而在垦殖社会的艺术中，不可接近性则是一种有意而为之的混淆和保存行为。因此，在这些作品中，转换本身悄无声息地受到限制，所以人们可能对这些作品一知半解或一窍不通，甚至看似有无限可能的数字通信和资本投资也遭遇了挑战。20世纪初，艺术的转换能力是反思器物世界内在认知可能性的灵丹妙药，而到了20世纪末，欧洲对文化创作的垄断地位已被取代，现代艺术向后现代艺术开始转变，这意味着转换本身就是一种模仿再现，具有多重性，难以捕捉，无法单一化。

第三部分：再现"内在、缺省"的艺术

福柯的著作《事物的秩序》叙述了经典的知识。他主张一种表现形式可以显现为他物，人与人以及人与物之间关系显示的秩序可以通过观察得到验证。秩序本体论在文艺复兴时期盛行一时，到20世纪时被艺术家们全盘推翻，他们提出艺术表现形式中固有、同源且系统的秩序。艺术作品中内在的秩序逻辑，最初从潜意识、梦境中构思而来，在艺术作品中得以彰显。这些艺术作品不是寻求解释而是通过唤起跨感官联想寻求批判，同时只有通过转换才能被人们感知。20世纪上半叶，艺术内在性表现缤纷复杂，声学韵律以及时空几何图形占据了主导地位，它们借鉴了西方大都市艺术工坊民族志馆藏样本。20世纪最后的20年中，艺术家们通过作品自觉反思了殖民主义遗产。受其启发，梦的超社会世界文本性退出历史舞台，转换逻辑登场，构成了戏仿与幽默作品的基础。这种恶搞艺术（Trickster art）具有自我约束性，讳莫如深。亚伦编码易于获取且可以无限复制，尽管这些艺术品容易接近，但是人们在认知方面还是受到重重阻碍。恶搞艺术具有两种转换模式：其一，如计算机编码一样，它由自变量组成，并通过其构图存储信息；其二，它对构图重新设定，让人们可以轻松识别构图模式的转换，这在许多方面与赋格曲有异曲同工之妙。轻松识别不仅仅局限于如何解读，还涉及获取理解所需的认知工具。因此，作为一种关系索引，艺术将根据人们与索引的对应关系或者是它在索引中所处的地位，将其融入其

中或排除在外。

　　20世纪上半叶，在艺术家声名狼藉的民俗手工艺品中，非洲面具和大洋洲雕塑最受人瞩目。除了选材和形态上迥然不同之外，它们拥有一个共同点，那就是不去呈现可见之物，而是彰显一种思想，这种思想只有通过构图分解得以洞见。正如人类学家克努特·里奥（Knut Rio）所见，大洋洲的雕塑家可以毫不费力地创造出近期身故和在世之人的肖像。实际上，它们并非意味着对艺术表现形式的解读，这种解读与19世纪中叶明确形成的对客观化理论的解读背道而驰。客观化就是指客体取代主体，因而关联了艺术的外在性且可单独验证。马朗干（Malanggan）便是这类雕塑的绝佳例证，马朗干亦可译作"肖像"（likeness），是为巴布亚新几内亚东北部一个岛屿上最后的葬礼仪式而制作的雕像。这些雕像由木头雕刻而成，葬礼结束之后，如果来自异国他乡的岛外收藏家不将其买走，它们就会被当场销毁。这种习俗可以追溯到殖民主义早期。通过瑞士画家、雕塑家塞尔日·布里格诺尼（Serge Brignoni）的引见，马朗干雕像得到了巴黎、慕尼黑和柏林艺术家们的关注。阿尔贝托·贾科梅蒂（Alberto Giacometi）的《笼子》（The Cage）和亨利·摩尔（Henry Moore）的《母子》（Mother and Child）等作品都借鉴了马朗干雕像的开放式回形纹浮雕以及主题束缚（enchaining）工艺。虽可辨认，但它们却并未描绘真实图像，只是让人们脑海里产生各种各样的联想，而这些联想的概念和情感基础只可意会不可言传。20世纪上半叶，马朗干形象及其主体间性和无意识关系构成的隐喻在前卫艺术家中风靡一时，而另一批来自巴布亚新几内亚塞皮克河地区的雕塑和绘画艺术品则激发了"二战"后几十年里艺术史和人类学的艺术反思。恩斯特·贡布里奇（Ernst Gombrich）的《艺术与幻觉》（*Art and Illusion*）运用了塞皮克河彩绘房屋正面的虚指特征，以此证明艺术家的创作源自概念与思想，而非源自感知。贡布里奇添加了图式概念，即在连续记忆一个相同故事情节或意象时，采用源自冗余、标准化和模式化的排序原则。贡布里奇增加了几何和数学元素，并将其作为图像创作的基础。人类学家克劳德·列维－施特劳斯的论点与其不谋而合，他认为由代数元素及其组合规则组成的"经典公式"（canonical formula）支撑了从神话到图像的文化作品。人类学家安东尼·福吉（Anthony Forge）将这两种理论思想和由此衍生的风格方法发扬光大，对塞皮克河艺术进行了全面剖析，这构成了人类学家阿尔弗雷德·盖尔《艺术与能动性》（*Art and Agency*）备受赞誉的理论创作基础。罗恩·艾格拉什（Ron Eglash）试图对风格做出的分形（fractal）分析，引人注目。此外，对非洲艺术和其他当代艺术形式的分析，如源于艺术市场附近的澳大利亚土著艺术，仍然信奉西方艺术史辩论中宣传的千篇一律的历史、背景，或世界艺术观。

通常情况下，民族志学的镜头被用来进一步证实欧洲认识论前提，即通过对记忆的推论分析，揭示出再现（representation）中的缺省。在我们看来，现代欧洲对历史背景的需求与非西方未来导向呈现（无论是人类学抑或是艺术所捕捉到的）之间的脱节，均源自于一种误解，它将生活的具体传记特性与关系概念中固有的抽象生成能力混为一谈。

即使在欧美艺术市场典范中，传记或线性叙事结构中对解读艺术的青睐，也只是整体框架中的一部分。例如，20世纪20年代初到1934年，阿尔弗雷德·斯蒂格利茨拍摄了一系列照片。他将摄影从具象主义转移到了抽象艺术领域。有人说这是摄影技术迈向抽象化的第一步，这一说法被阿尔文·兰登·科伯恩（Alvin Langdon Coburn）的旋涡照片打破。尽管如此，两人的摄影作品却有天壤之别，科伯恩的摄影作品是局部图像反射出来的千变万化的镜像，而斯蒂格利茨却是将镜头直接对准天空拍摄作品。有人指责说[来自沃尔多·弗兰克（Waldo Frank）]斯蒂格利茨作品的优势源于固定的拍摄对象，而非其精湛技艺，他的云彩摄影作品就此开启了保卫名誉之战。拍摄云彩在当下看来只是一个简单的技术概念，但是受摄影技术所限，在当时来说又谈何容易！随着全新彩色乳剂工艺的引进，捕捉天空中低对比度形状的细节变得越发容易。1923 年，斯蒂格利茨展出了 10 张云彩照片，并将这一系列照片命名为《音乐：10 幅云图系列》（*Music: A Sequence of Ten Cloud Photographs*）。他随后拍摄的云彩摄影作品，每一幅都被命名为《等同》（Equivalents）或《等效》（Equivalence），都是纯粹的构图手法。天空属于每一个人，而高超的摄影技艺却为斯蒂格利茨独享，无人能及。这些作品的传记叙事有助于我们溯本求源地理解这一流派，但如果说斯蒂格利茨拍摄云彩的照片是为了证明弗兰克的谬误，那显然是目光短浅，有失偏颇。总的来说，《等效》中的图像拍摄都相当随意（虽然其中几张有部分树木或地平线）。没有参照任何拍摄对象，这些作品让参观者望而却步。据记载，当一位画廊参观者询问照片中图像为何物时（水抑或是云？），斯蒂格利茨答道"无所谓啦"，因为它们都不是具象图像。相反，它们只是抒情的意象；并让可见与有形遁于无形。奥基夫的《青蓝之音》是对艺术工坊播放乐曲的视觉转化，而斯蒂格利茨的云彩摄影则归功于其新颖创作。《青蓝之音》展览也同样受到欧内斯特·布洛赫（Ernest Bloch）

等音乐家的青睐。

匿名画廊参观者反复询问作品内容，而布洛赫则对《青蓝之音》表示认同，两者之间形成鲜明对比。这种艺术形式，虽看似简单，却令局外人望而却步。卡尔·安德烈（Carl Andre）的作品《等效8》（*Equivalence VIII*，1966）很明显承袭了《等同》的特征。其复制品由泰特美术馆委托制作，最初的原型是由256块耐火砖构成的形状。每个《等效》作品的高宽深比例各不相同，但砖块的数量都相同。安德烈被誉为极简主义或ABC艺术之父，因此他的作品在泰特美术馆享有举足轻重的地位。从某种角度来看，这种艺术运动具有极简特征——有时会因此受到公然嘲讽——但实则有意而为之，目的就是让不愿意参与的参观者产生不快。这种艺术作品简单得近乎愚蠢，不过就是一堆砖头而已。就像试金石一样，这种艺术品将那些不愿意或不能参与其中的人拒之门外。这种在明确的艺术历史传统中进行的自我指涉性，既可谓天才之作，也引发了公众对公共资金"浪费"的强烈不满。

然而，20世纪的艺术并非都是将普通大众有意拒之门外。即使在以安迪·沃霍尔（Andy Warhol）为代表的流行艺术流派中，显性与隐性艺术表现形式之间的相似之处也显而易见。从日常消费品到电影明星，安迪·沃霍尔捕捉的梦境市场镜头可以同人们的记忆进行对话，并且作为一种集体记忆（关于吃过的饭和看过的电影）影响着主体间认知与共鸣。他的丝网印刷实际上表现了大规模生产的衍生性、迭代性与传递性，并用索引符号诠释了以微妙和强烈方式定义传记的隐秘关系。沃霍尔的丝网版画和其他艺术作品通过看似无限的复制与替代手段，具有一种大规模生产所缺乏的生产能力。

这种复制与替代就是以一种看似不稳定的方式，在一文不值与经久不衰两种艺术价值范畴之间反复轮回。

那些隐蔽的、看不见的、缺失的、只能通过艺术类作品才能勾起人们回忆的东西，也许让人挥之不去，萦绕于心。它们蕴含情感分量，人们会对此做出不同反应。多丽丝·萨尔塞多（Doris Salcedo）即做出了回应，她的作品捕捉到了"二战"后哥伦比亚《暴力》的政治创伤。萨尔塞多运用日常器物，比方衣柜、椅子以及与不可穿越的厚墙相关的材料进行艺术创作。这些物件从幸存者那里搜集而来，他们的亲属是那些永远消失在哥伦比亚战场上的成千上万战士中的一员。萨尔塞多的作品发自肺腑、感人至深且具有传记性质，但正如艺术家自己所言，这些作品是在"无声地""为死者呐喊"。然而，这些作品并不受限于对受害者的具体叙述，而是敞开画廊空间，展示人们对生命逝去的原始情感，以及（面对终将无法挽回的缺失时）记忆的局限性。

尽管印卡·修尼巴尔（Yinka Shonibare）从历史话语角度对主体缺失背后的意图进行了更为严厉的政治批判，但他的艺术作品同样强调传记主体无法挽回的缺失。他的作品采用蜡染布进行创作，用这种布料制衣的人对这种创作过程毫不知情。他的作品揭露了殖民主义的持久残余及资本主义的深远影响。19世纪70年代，蜡染布出自一家荷兰制造商之手，出口印度尼西亚。在印度尼西亚，人们试图用机器生产的防蜡织物模仿爪哇蜡染作为商品售卖，但惨遭失败。蜡染布机缘巧合地来到西非，并被立即投入使用，从此成为一种常见服装面料。荷兰至今仍在生产蜡染布，但在交易时，它却变成了典型的西非面料，颜色独特、强烈、饱和度高，正反面一致。

蜡染布招牌图案利用了现代性并与西非文化特有的言语双关，修尼巴尔对此进行了发挥，将其演绎得淋漓尽致，同时也将这种布料生产、流通以及使用过程中的复杂深意公布于众。在此过程中，他强调了奴隶在奴隶制历史上的缺席，以及这一缺失不可磨灭的印记。此外，在创作艺术作品时，他所使用的道具包罗万象，身着蜡染布衣服的无头人物、道具盆花，以及具有市场导向意图和关系表现的手工艺品，其内涵晦涩难懂，成为未解之谜。

结论

在我们看来，这种内在表现形式（通过外部无法渗透）将产生深远的政治影响。关系索引揭示并构成知识创造系统的关联。通过关系索引，艺术已然在重新界定科学概念中发挥了作用，并将继续大有作为。[1]这种系统的关联涵盖全球体系的诸多领域，并导致与（包括科学、生态与医学知识等在内的）所有权、知识产权和代表权（和自体代表权）相关的紧张局势不断加剧。

各方紧张的关系可能导致各自封闭，然而，在数字化高度发展的时代，这本身也是一种艺术过程。通过民主的方式这种封闭让一切艺术皆可获取、"贴近大众"。知识获取议题背负着20世纪全民教育、公民权利与自治等问题的沉重包袱，但21世纪初的当务之急，

---

1 正如人类学家罗伊·瓦格纳Roy Wagner所说："人们利用隐喻并在物质属性中去理解、去感知，因此双螺旋或浮动构造板块的概念就'眼睁睁'地被赋予DNA结构或地壳运动的特征。'看见'本身就是'新'知，而且由于隐喻具有其自身意义，知识从其表面上（和事实上）在知者与未知者的结合中获得激励的力量，因此有了承载科学范式的确定性。"——原书注

如能源和环境问题，与其归咎于其解决途径，不啻于说是管理问题。在知识与资源民主化进程中，通过寻求互联网和当地充足风能和太阳能发电厂项目，我们见证了非物质资源流动的便利性，与此同时，物质（包括人员）的流动性却受到更大限制。而媒体公司和其他利用知识产权的企业，也在竭尽全力增强对非物质性的限制。

20世纪与21世纪之交，恶搞者为艺术作品注入了新的元素。这种艺术品开放、易懂，并在向公众开放的画廊或谷歌艺术与文化网站上唾手可得。但是，正如前文提及的第四世界艺术双重编码一样，它具有排他性，而且这种新的艺术作品，正如《青蛙佩佩》（*Pepe the Frog*）所示，受到了极力保护。在一个新自由主义平等与普及理想化的时代，只有稀缺身份资源在众目睽睽中被严密保护的情况下，例外论才能得以维持。因此，我们亲眼所见是语言作为算法的回归，而非严格意义上的交流本身，这在19世纪与20世纪之交便已不足为奇。而现在这些想法又有卷土重来之势。鉴于探索艺术中尚未发掘而即将被重新发现的元素，20世纪末对20世纪早期艺术的诠释似乎渐行渐远。

第六章

建筑物

保罗·R.穆林斯

搭建社区：构想20世纪的建筑物

21世纪，人们对购物中心的厌恶大多归咎于建筑师维克多·格鲁恩（Victor Gruen）。1954年，格鲁恩设计的诺诗兰购物中心在底特律郊区开张营业（图6-1）。两年后，他设计的全封闭式南戴尔购物中心在明尼阿波利斯投入使用。随后，格鲁恩和他的公司在全美各地设计了30多家购物中心。格鲁恩被称为"美国购物中心之父"，他乐观地认为，商场将成为"城市次中心"的核心，发挥除商业之外的各种社会功能。在他看来，商场是完全可以与古希腊的广场和中世纪的市场相提并论的"城市有机体"。1962年，格鲁恩写道，通过公司设计的第一个区域性购物中心，"我们试图创造一个城市集群，在不断扩张的郊区形成社会、文化和公民活动的胜地"。格鲁恩声称，南戴尔购物中心是明尼阿波利斯最重要的公共场所之一，在这里可以举办交响乐音乐会，开设写字间、邮局和托儿所，人行通道

图6-1 1954年3月，底特律地区诺诗兰购物中心，四周是可容纳7500辆汽车的停车场。照片来源：贝特曼拍摄，盖蒂图片社

四通八达，而诺诗兰购物中心拥有大量原创艺术作品，它们遍布中心的各个角落。同时，格鲁恩还深度参与城市中心的改造工程。他相信郊区购物中心将与新的城市中心相得益彰。

　　然而，格鲁恩对千篇一律的郊区购物中心颇感失望。1965年，格鲁恩在访问诺诗兰购物中心后，向一位同事吐露心声，购物中心周边"杂乱无章的扩建对我来说如芒刺背"。空阔巨大的停车场将购物中心与周边地区分隔开来，他梦想创建一体化步行社区的雄心随之付诸东流。诺诗兰购物中心也意外地催生了周边地区无序失控的房地产开发。格鲁恩公司一如既往，在全国建造了日益宏伟的封闭式购物中心，并负责监理大规模的城市改造工程，这种情况一直持续到20世纪70年代。（图6-2）然而，在1978年，格鲁恩哀叹道，遍布美国各地的数千家购物中心不过是"功能单一的贫民区"，人们聚集于此不过是为了商业交易，最终沦为利润机器。当被问及如何评价众多受他的设计启发接踵而生的郊区购物中心时，格鲁恩抱怨道："我拒绝为那些狗屁建筑买单。"他面若冰霜地说道："依我所见，目前传统意义的购物中心毫无未来可言。"

　　一方面，21世纪初，战后修建的购物中心走向没落，这也许证实了格鲁恩的预言。他设计的诺诗兰购物中心曾广受赞誉，却在2015年关闭；他设计的兰德赫斯特购物中心（Randhurst Center）于1962年建于芝加哥，在2008—2009年间，被夷为平地并重建；1958

图6-2　明尼阿波利斯的南戴尔购物中心于1957年开业，水景和室内公共空间为其增色不少，在随后的40年里，它一直是这一区域最重要的购物中心。照片来源：盖伊·吉列拍摄，盖蒂图片社

年建造的位于印第安纳波利斯的格兰岱尔露天购物中心（Glendale Town Center）于20世纪60年代关闭，2007年被夷为平地，后又重建为露天式购物中心。如今，在现代城市的郊区，购物中心的废墟星罗棋布，而仅存的区域性购物中心似乎并未实现格鲁恩的宏伟蓝图，没能成为一体化社区的核心。另一方面，在建筑景观改造的乐天派中，格鲁恩并非单枪匹马。格鲁恩和许多20世纪的城市规划师、行政官员和开发商都参与了诸多建筑实践，意在重构社区和建筑景观之间的联系。连续两次世界大战使全球许多地区面临全面物质重建，但在美国，移民潮、贫困化、不同阶级和不同肤色群体的紧张关系使社会学者滋生了对建筑、秩序和场所的幻想，并推动了大规模拆迁、重建和建筑工程。颇具讽刺意味的是，许多彼时建造的购物中心、市政住宅、郊区和市中心的大部分建筑如今都处于不同的废弃状态，或者正在接受新一代景观设计师的改造。

大量跨学科的学术研究探索了数千年的建筑风格，评价了最具创造性和多产的设计师，并探究了建筑景观的实用价值。学者们对这些建筑的社会维度和历史维度进行评估，阐明影响这些建筑风格、功能和形式的背景因素，并确定它们在日常生活中跨越时空的功能。总体而言，学者们认为建筑学就是展示建筑物的舞台。建筑物作为舞台的中心和焦点，包括诸如光、声、气味及人类等物质元素。这些元素围绕着（常常偏离）规划者对特定建筑环境如何塑造社区的想象。

我关注的焦点是20世纪的建筑景观，特别是像维克多·格鲁恩等规划师的雄心壮志以及他们复杂的建筑构想方式（如果没有日常生活的破坏）。诸多负责市政住宅社区、州际公路、购物中心、机场、郊区和市中心改造的设计师都致力于打造一种建筑空间，以促进某种特殊体验，并常常标志着某种不言而喻的阶级特权和种族分界特权。维克多·格鲁恩只是20世纪众多建筑师和规划师中的一员，他们幼稚的或理想化的设计最终被彻底改变或毁于一旦。他并非第一个表达不满之人，他痛心疾首，认为最初的设计并未达到想象的效果。更多的观察者对20世纪的建筑如市政住宅、摩天大楼、郊区、州际公路和购物中心表达了类似的厌恶之情。

将20世纪的建筑景观视为破坏、重建和社会想象力的加速发展期，或多或少与传统的建筑分析有所出入。当然，20世纪的建筑以摩天大楼和郊区住宅等建筑形式而著称，许多学者已经对此展开论述，而传统的风格分析可能将目标瞄准装饰派艺术、粗暴的现代主义或任何建筑运动。然而，最能明确区分20世纪建筑的是景观规划、毁坏、摧毁和过剩这一周期的快速循环，它从根本上重新构想了20世纪的大部分建筑世界。这种对野心勃勃的改造规划的执着热爱正是建筑创意、社会工程、天真乐观和不加掩饰的排外主义相结合的独特产物，它推崇活在当下；也就是说，规划者的理想主义和更广泛的流行文化对"发展进步"的执迷不悟具化为一个景观，而这个景观却轻而易举地抹掉了它自己在意识形态推动下所经历的拆除、废弃和毁灭的历史。通过建筑空间影响公民举止行为的美好设想可以追溯到古代，但20世纪见证了这种景观规划和改造的深远广度，这种规划和改造仍是21世纪空间建筑的一部分。

规划建筑景观

19世纪末之前，景观设计早已初具雏形，但是直到20世纪初，负责设计和建设社区空间的市政规划者才开始将建筑和景观融为一体，并将其作为城市规划的主要内容。自此，城市规划成为一种公认的由国家管理（或至少与国家关系密切）的职业，而规模更大的乡村景观开发与重建也同样在世界各地普遍展开。大都市和小城镇都开始了全面的城市规划，这部分源于两次世界大战后各国经济亟待复苏以及公共交通和卫生管理等新建基础设施的挑战，这种挑战在纽约这样的大都市尤为迫切。美国最大的几座城市都迫切希望进行城市空间规划，以缓解乃至解决城市面临的诸多危机，比如过度拥挤和租房贫困，而这些危机往往与欧洲移民和非洲裔美国移民息息相关。美国针对上述问题所设计的空间和建筑解决方案都颇具特色，但这往往与欧洲和英国应对贫困、人口密度和多元化产生的类似危机时做出的反应如出一辙。

19世纪下半叶，这种城市规划思想就已经奠定了基础。在美国，一些最具影响力的城市建筑项目是在纽约和芝加哥等城市建造的公园系统。市政公园通常以位于纽约市中心由老弗雷德里克·劳·奥姆斯特德（Frederick Law Olmsted,Sr.）和卡弗特·沃克斯（Calvert Vaux）于1858年设计建造的中央公园为范本，公园内遍布桥梁、道路、园林和绿化植物（图6-3）。在美国，赞誉这些公园落成的"城市美化运动"（City Beautiful movement）成为对丑陋都市的公然批判，并提倡对自然空间的周边建筑进行精心设计。丹尼尔·哈德逊·伯纳姆（Daniel Hudson Burnham）是"城市美化运动"最为知名的倡导者之一。伯纳姆曾是1893年在芝加哥举办的世界哥伦比亚博览会（World's columbia Exposition）的建筑总监，他曾指导或担任华盛顿特区、克利夫兰、旧金山和芝加哥的城市规划的主要设计

CENTRAL PARK, THE DRIVE.

图6-3 1862年，柯里尔和艾夫斯将中央公园视为理想的天然绿洲，仅供纽约上层社会的白种人享用。照片来源：阿皮克拍摄，盖蒂图片社

师。这场运动的影响并非囿于美国，例如，"城市美化"设计美学极大地影响了埃德温·鲁琴斯（Edwin Lutyens）始于1912年耗时约20年的新德里城市规划。

"城市美化"的规划者瞄准了美国最著名的城市和公共空间。例如，1901—1902年，华盛顿特区在原始设计中增加了新的公园、公共艺术设施和一个火车站。1791年，皮埃尔·朗方（Pierre L'Enfant）设计了一个大型公园。19世纪，这个公园变为国家广场，布满了商业建筑，露天空地破败不堪，一条建于1872年的铁路线横穿广场。

丹尼尔·哈德逊·伯纳姆、小弗雷德里克·劳·奥姆斯特德（Frederick Law Olmsted, Jr.）和查尔斯·麦克金姆（Charles McKim）组建了一个委员会，建议对国家广场进行全面翻修，沿着纪念

碑和重要政府楼群前的开阔地带，将其长度增加一倍。他们同时提出对城市公园系统进行重大改造，所有改造都基于欧洲的城市和公园设计。"城市美化"的规划者常常从欧洲和美术运动中获得灵感。1901年夏天，伯纳姆和他的伙伴们历时5周环游欧洲，对景观进行分类，对特色建筑拍照存档。他们最后的方案都参考借鉴了这些景观和建筑。伯纳姆1903年的报告概述了他在俄亥俄州克利夫兰的城市规划，规划中同样出现了凡尔赛宫、罗马和德累斯顿的建筑图片。

在英国，"田园城市运动"的规划者将注意力转向了住宅规划，并提倡社区周边应有绿植环绕。与以设计为主的"城市美化运动"不同，田园城市都有一个明确的实体行政机构，以期满足居民的社会需求。1902年，埃比尼泽·霍华德（Ebenezer Howard）1898年的著作《明日：一条通向真正改革的和平道路》（ *Tomorrow: A Peaceful Path to Real Reform* ）再版，更名为《明日的田园城市》（ *Garden Cities of Tomorrow* ）。这本书为"田园城市运动"提供了最具影响力的运动纲领。霍华德设计的花园城市位于像伦敦这样的城市中心之外，城市绿植环绕，住宅和工厂建筑在城市中构成同心圆图案。投资者购买城市周边的低价农田，用租赁利润购买土地，并将资金存入集体福利基金。在霍华德的规划中，不是国家或资本家而是集体拥有土地所有权，负责在土地上建造房屋，为公民提供公共服务。

霍华德系统地规划了理想中的田园城市，并描述了土地的规模，但他过分关注田园城市的财务生存能力，却几乎没有说明此类城镇的住宅建筑应采取何种具体形式。他设想了"住宅和住宅群所展示的林林总总的建筑和设计，有些住宅拥有公共花园和共享厨房"，但他总结说，建筑师应该"鼓励建筑能最大限度展示个人品位和喜好"。雷蒙德·昂温（Raymond Unwin）设计规划莱奇沃斯，此地距伦敦34英里，自1903年起成为第一个田园城市（图6-4）。昂温对零星散布在大城市郊区的乡村别墅的设计产生了深远影响，田园城市的许多景观特征和合作社特点将被纳入类似的社区规划之中，例如20世纪30年代末规划建设的美国三大"绿色"城市，即马里兰州的格林贝（Greenbelt）、威斯康辛州的格林代尔（Greendale）和俄亥俄州的格林希尔（Greenhills）。然而，霍华德想象中的理想的田园城市在莱奇沃斯却缺乏活力。莱奇沃斯发展缓慢，回报甚微，直到第二次世界大战之后才最终建成。

20世纪前10年，美国多数城市趋之若鹜，开始了景观改造，这对随后的建筑规划产生了影响。乔恩·A.彼得森（Jon A. Peterson）指出，1905—1909年，美国至少完成了38份综合城市规划报告，包括一些极具影响力的规划，如丹尼尔·伯纳姆1905年的旧金山规划和1909年的芝加哥规划以及乔治·凯斯勒（George Kessler）1909年的达拉斯规划。其中一些城市规划的具体操作与伯纳姆等设计师的设想不谋而合。例如，1922年，林肯纪念堂的落成典礼将最后一个核心纪念碑列入国家广场规划。相比之下，伯纳姆在旧金山的大部分规划由于当地的商业阻力而没有付诸实施。

1907年，纽约市人口拥挤问题委员会的成立为美国城市规划播下了一颗种子。最初，该委员会主张对城市景观进行彻底改造，包括分区法规（zoning codes）、严格的工业空间管理和推动绿地发展。该委员会执行秘书本杰明·克拉克·马什（Benjamin Clarke Marsh）撰写了最早的城市规划指南之一，即1909年的《城市规划导论：民主对美国城市的挑战》（*An Introduction to City planning: Democra-*

图6-4　大约在1906年，查尔斯·哈里森·汤森描绘了英格兰赫特福德郡的莱奇沃斯花园城市的一座住宅。照片来源：印刷物收集者，盖蒂图片社

cy's Challenge to The American City）。虽然景观设计师普遍关注20世纪初的城市美学，但马什更关注通过分区法规和土地税收来规范城市空间。马什直截了当地把"城市美化"的支持者视为富人利益的捍卫者，他们将贫民窟夷为平地，只是为了人为造出一些美学特征，比如公园和林荫大道，然而这并没有解决贫困和住房拥挤问题。"城市美化"的规划者几乎不关注分区法规问题，他们对住房和城市生活等棘手问题几乎三缄其口。然而，美国的分区法规并没有改变城市的不平等，而是将城市和新出现的郊区分割成具排他性的不同阶级群体、肤色群体和社会群体，从而保护房地产价值，鼓励社区同质化。

人口拥挤问题委员会以宏大的城市景观描绘闻名，他们希望自己的城市规划可供后来的大多数城市规划者参考借鉴：下设各分委员会专门讨论街道、工厂、劳工和工资、公共广场和建筑以及犯罪等主题。马什投身社会改革，主张征收土地税，但在政界和城市规划界的支持者寥寥无几。"城市美化"规划者尤其反对将他们的美学设计实践与社会改革相互关联，在1909年和1910年的第一次城市规划会议上，小弗雷德里克·劳·奥姆斯特德成功游说参会者将城市规划与社会和住房改革区分开来。"城市美化"设计侧重于纪念碑和美学展示，却在很大程度上忽略了城市规划的社会意义或住房和卫生等日常现实问题。

许多改革者和城市规划专家认为，19世纪末和20世纪初城市规划的最大败笔就是廉租公寓。在19世纪和20世纪之交，美国进步党大多运用富有感染力的修辞和美学描述，来讲述贫困的廉租公寓生活。在这些进步党分子中，雅各布·里斯（Jacob Riis）大名鼎鼎，他在1890年创作了《另一半人怎样生活》，作者用纽约廉租公寓的照片来展示贫困人口的日常生活状况。里斯是众多社会改革家中的一员，他们希望通过引起观察者的道德震撼和愤慨来解决贫困问题。摄影师和作家运用他们的美学和修辞工具，通过表现廉租公寓生活中的不公平来打动读者和观众，把廉租公寓变成了一种熟悉的叙事和视觉器物，强调贫困和更广泛的社区福祉之间的关系。

许多改革家认为，国家应该通过制定和执行严格的建筑法规来保护公民的利益。劳伦斯·韦勒（Lawrence Veiller）1910年的《廉租住房法》（Model House Tenement Law）是美国最早对建筑规范与贫困人口社会法规之间的关系开展的研究之一。在韦勒的整个职业生涯中，他一直在敦促美国进步党制定严格的住房法规，厘清住房具体以何种方式引发贫困。韦勒对建筑标准提出了非常详细的建议，包括从强制在厕所安装大窗户，到禁止在房屋建成后再将房间细分的严格规定。韦勒特别致力于开放式庭院的设计，为房屋提供光线和通风，制定严格的维护规范，取缔不与市政排污管道连接的私人屋外厕所和污水池。一方面，韦勒渴望将严格的建筑规范写入法律，超越进步党的理想主义。韦勒转而支持国家在执行住房公正方面发挥的作用。但另一方面，韦勒却不愿对开发商进行监管。无论如何，他制定的大部分法规都因代价太高而无法写入法律，甚至在当时，大多数地区的现有建筑都不受新法规的约束。

贫民窟上的建筑物

自城市改造项目伊始，近乎所有的改造都会将现有的被界定为贫民窟（或其废墟）的社区夷为平地。例如，中央公园占用了原非洲裔美国人和爱尔兰移民社区，使他们流离失所。这种改造模式在20世纪的城市规划中比比皆是。1903年，丹尼尔·伯纳姆制定的克利夫兰计划就要求拆除包括红灯区在内的100英亩[1]的廉租公寓。20世纪的城市规划大多着眼于当前城市的显而易见的败笔之处，以此为出发点，将形形色色的社区夷为平地，并设想在废墟上建造新的城市。

20世纪，一场改造贫困社区的著名建筑运动与国家资助住房建设相伴而生。19世纪末，为解决极端贫困问题，出现了以市政拥有房屋所有权并由国家进行管理的住房。通常，这种居所在美国被称为公共住宅，灵感来自19世纪下半叶在英国出现的地方政府廉租住房。19世纪末，一些制造商为自己的劳工建造了整座村庄，还有一些慈善家专门为穷人建造了住房，但地方政府在清理贫民窟的过程中，除了为新开发商夷平现有的公寓外，无所作为。1869年，利物浦的圣马丁别墅竣工，开启了世界上首批国家资助的住房社区模式。这座两层楼的建筑拥有146间公寓。随后，利物浦在1895—1918年开展了一场果断强硬的贫民窟清理运动，并为流离失所的居民建造了住房。

19世纪90年代初，伦敦人口密集的东区老尼科尔（Old Nichol）社区被夷为平地，人们设想在这片土地上建造出充满创意而又不同寻常的市政住宅社区。到19世纪中期，伦敦的这个社区因高死亡率和高犯罪率而远近闻名，流行文化已经认同大众对贫民窟生活的迷恋。民众对尼科尔社区生活最著名的想象是阿瑟·莫里森（Arthur

---

1　1英亩≈0.4047公顷。——编者注

Morrison）的小说《贾戈之子》。对贫民窟生活的纪实和虚构描写一直持续到20世纪，莫里森1896年的这部以尼科尔地区为蓝本的小说，也仅是诸多同类作品之一。基于尼科尔地区的大量民族志调查，这部小说借鉴了埃米尔·左拉（Emile Zola）等作家倡导的自然主义叙事技巧。与此同时，莫里森也颇受雅各布·里斯拍摄的纽约贫民窟照片的影响，这些照片或多或少地以非舞台场景展现了贫民窟景观。

在记者、作家和学者的手中，贫民窟成为一种丰富的叙事机制，激起了人们对贫困城市和城市贫困人群的警惕防范。到1896年，莫里森的新书问世，这时，老尼科尔地区已经被告知违反了6年前制定的新住房标准。不久，该社区被夷为平地，但私营开发商不愿意购买新清理出来的地块。尼科尔地区拆迁迫使当地居民流离失所，别无选择。内政部威胁说，如果不能解决他们的居住问题，就会中止布莱克沃尔隧道（Blackwall，位于泰晤士河下游伦敦东区入口）的建设。

边界街地产（Boundary Street Estate）是世界上最早的社会住房建设项目之一，建于老尼科尔地区。首席设计师欧文·弗莱明（Owen Fleming）将边界街想象成一个城市村庄，打破了传统的城市网格景观，中央花园位于圆形城市中心，街道从中心向外辐射到各个社区。住宅中安装了抽水马桶、垃圾卸槽及改良的通风设施，一楼有商店和带有12个公用洗衣盆的中央洗衣房，与之前的廉租公寓相比，有了极大的改观（图6-5）。尽管如此，许多最贫困的工薪阶层居民仍然由于原先的公寓被拆除而流离失所，他们负担不起新公寓的租金。而拆掉现有贫民窟，按照现行标准建造新房，然后

图6-5 1897年，这些洗衣工摆出各种拍照姿势，旁边是边界街洗衣房的大型水槽和压力机。图片来源：伦敦大都会档案馆/遗产图片社/盖蒂图片社

对其进行维护的成本也使得这种住房模式有些不切实际：世纪之交后，大多数伦敦地区的房地产住宅都建在城市郊区，而不是在伦敦市中心的原址上重建[例如，托特丹恩·菲尔兹房产（Totterdown Fields）]。

相比英国同行，美国人并不情愿资助建造低收入群体住房，所以在20世纪30年代之前，美国几乎从未提及市政住宅建设。1923年，威斯康星州的密尔沃基（Milwaukee）建成了美国第一个市政住宅社区——花园之家。

第一次世界大战期间，密尔沃基严重的住房短缺使这座城市面临住房危机，住房委员会主席、建筑师威廉·舒查特（William Schuchardt）向劳工部申请贷款以支持新住房建设，但未能获批。1920年，密尔沃基的人口密度仅次于纽约市，该市的社会党派市长乐于接受市政住宅危机解决方案。当时的市长是丹尼尔·霍恩（Daniel Hoan），他批准了一个合作社区计划，投资者将从非营利性的市政资助住房公司获得一部分投资分红。

这个50万美元的项目从密尔沃基市和密尔沃基县获得了一半资金支持，它们各自承诺为该项目提供10万美元，并通过发行债券筹集了另外5万美元。另一半资金来自优先股，租户认购持有住宅的所有权的花园住宅公司（Garden Homes Corporation）的股票。这基本上借用了埃比尼泽·霍华德的田园城市规划，威廉·舒查特是霍华德项目的倡导者。1911年，舒查特历时6个月在欧洲参观了包括莱奇沃斯在内的花园城市，得出结论："欧洲的田园城市使我们的工业式住宅社区相形见绌。"田园城市住宅没有工业元素，但他们的设计肯定得益于霍华德和昂温的设计。舒查特设计并指导建造了殖民地复兴风格的两层别墅。这些住宅拥有9种不同的设计风格，配备一个中央公园，沿着曲折的街道，在大片的空地上拔地而起。1923年，105个单元落成，立即人满为患。然而，许多居民希望能拥有住宅的个人所有权，1925年，所有权由个人住户持有；到了1927年，所有房产都售卖给了居民。很快，这个项目最初的合作社区模式就被抛弃。

大萧条期间，人们对贫民窟和住房的担忧日益加剧，1933年通过的《全国工业复兴法案》（National Industrial Recovery Act）推动了市政住宅的下一轮大规模扩张。公共工程署（PWA）是根据该法案设立的机构之一，其工作包括清拆贫民窟和建造低成本住宅（吕歇尔1997年审查了公共工程署项目中关于种族和贫民窟清拆过程中的交叉问题）。1934—1937年，公共工程署建设了51个公共住宅项目。这些市政住宅项目是为了解决因大萧条而不断加剧的住房短缺问题：1934年，商务部指出，1/3的美国住宅不符合标准。联邦应对萧条计划促进了建筑业的发展，但对解决国家住房问题收效甚微：1934年，只有16%的新建筑属于真正的民用住宅。住宅仅占公共工程署建筑预算的5%左右，而这些预算也只是集中用于基础设施和公园的建设。美国对市政住宅的承诺也转瞬即逝：1937年的《瓦格纳住房法》（Wagner Housing Act）将市政住宅划归地方住宅管理局管理，尽管这些住宅建设主要由联邦政府资助。许多房屋管理部门对建筑维护和租户管理兴味索然，大多数后续的建筑都致力于标准化、节约成本的设计，这与最具创新性的公共工程署的初衷背道而驰。

到1932年，印第安纳州的印第安纳波利斯开始考虑住宅建设项目，最初计划是为一个主要由联邦资金资助的有限股息公司筹集地方股权。然而，到1934年3月，当地的协办方还未筹集到工程费用的10%，住宅建设项目似乎已经夭折。美国其他地方的有限股息项目也遭遇了类似的命运，公共工程署管理者决定转而资助印第安纳波利斯的清拆和建设。尽管印第安纳波利斯最初计划是建设一个白人公共住宅项目和一个黑人公共住宅项目，但由于缺乏当地股权，只能放弃白人住宅项目。到1934年9月，该项目已经从有出售意愿的房主手中买下90%的土地，并开始对剩余的土地进行征用。这个社区后来被称为洛克菲尔德花园公寓（Lockefield Garden Apartments）。

市政住宅的建筑形式林林总总，1932—1934年规划的许多社区都受到欧洲现代主义建筑的显著影响。例如，洛克菲尔德花园公寓是一个由24栋建筑、748个单元组成的综合社区。印第安纳波利斯建筑师梅里特·哈里森（Merritt Harrison）和威廉·厄尔·拉斯（William Earl Russ）在公共工程署建筑师亨利·赖特（Henry Wright）的监督下开始社区设计工作。早在1910年，赖特就开始设计郊区公共社区绿地，洛克菲尔德社区体现了欧洲市政住宅设计和花园郊区规划对他的设计影响。赖特是1932年现代艺术博物馆（MoMA）现代建筑国际展览的参与者之一，现代艺术博物馆是现代主义建筑的一个里程碑。现代艺术博物馆将建筑和住宅在不同的区域分开展示，反映出许多美国建筑师对住宅设计不屑一顾，这对主导战后建筑景观的标准化市政住宅设计产生了一定影响。

赖特设计的洛克菲尔德公寓借鉴了新客观现实派（Neue Sach-lichkeit）建筑运动，这个德语术语在英语中通常被称为新客观主义设计运动。新客观主义是两次世界大战之间的欧洲设计运动，其市政住宅的特点是相对朴素的外观、平坦的屋顶、简洁的几何形状和带有宽大窗户的露台。洛克菲尔德公寓建筑群是由2到4层南向的山形建筑组成，沿着长方形的中央庭院排列。建筑群北端的弧形建筑内有多个购物中心，建筑群中还建设有一个学校和操场。然而，赖特并没有附和许多欧洲建筑师对巨大开放空间的喜好（这些开放空间独立于城市网格规划设计），因为这种偏好在美国大部分地区相当不切实际。

公共工程署的许多市政住宅社区设计师都与赖特一样，对欧洲设计情有独钟。和洛克菲尔德花园公寓一样，华盛顿特区的兰斯顿露台公寓（Langston Terrace in Washington, DC）也是一个种族隔离的黑人市政住宅社区，其建筑师希尔亚德·罗宾逊（Hilyard Robin-son）凭借自己对现代欧洲建筑的了解，为华盛顿社区设计了该建筑。罗宾逊是一位非洲裔美国建筑师，虽称不上独一无二，但绝对与众不同。和许多公共工程署建筑师一样，他设计的市政住宅深受欧洲设计潮流和第一次世界大战后欧洲市政住宅设计的影响。20世纪30年代初，他游历欧洲各地——考察"一战"后建成的市政住宅项目，拍摄现代主义建筑，拜访欧洲赫赫有名的现代主义设计师。罗宾逊出生于华盛顿特区，他对该市贫困的非洲裔美国人邻居进行研究，得出结论，认为国家扶持的住房政策对解决住房问题至关重要。

兰斯顿露台公寓建于1935—1938年，接待了大约2200名申请者。1939年，这个拥有274个单元的建筑群成为878人的安身立命之所。兰斯顿露台公寓的建筑面临开阔的茵茵绿地，而不是喧闹的市区，这一设计特点很像田园城市社区，但建筑风格偏向于现代主义风格。庞大的"超级街区"占地面积让人联想到欧洲现代主义者设计的市政住宅。兰斯顿的砖砌建筑显然借鉴了现代主义风格：稀疏的装饰和独特的矩形几何形状，平坦的屋顶，没有明显的历史风格痕迹。兰斯顿露台公寓最具特色的元素之一是一条雕刻的檐壁"黑人种族的进步"，即置于庭院一端的系列赤陶嵌板（图6-6）。艺术家丹尼尔·奥尔尼受财政部艺术振兴计划（the Treasury Relief Art Program）的委托，完成了这个纪念非洲裔美国人历史的嵌板雕刻任务。景观设计通常是市政住宅社区的重要规划元素，美国第一批经过专业训练的非洲裔美国景观建筑师之一戴维·威利斯顿（David Williston），设计了兰斯顿露台公寓的庭院。洛克菲尔德社区的景观

图6-6　丹尼尔·奥尔尼设计的雕刻饰带"黑人种族的进步"是华盛顿兰斯顿露台最具特色的建筑之一。图片来自卡罗尔·M.海史密斯。存于卡罗尔·M.海史密斯档案，国会图书馆，印刷和照片部，LC-DIG-highsm-17016

由土木工程师劳伦斯·谢里丹（Lawrence Sheridan）负责设计，他曾在印第安纳波利斯公园工作，为零售业巨头弗雷德里克·艾尔斯（Frederick Ayres）位于乌鸦巢（Crow's Nest）的专属飞地的印第安纳波利斯大厦设计景观。

　　现代主义建筑师想在大萧条时期能为最贫困的美国人提供安身之所的雄心壮志，充其量也只是在部分地区得以实现。清拆贫民窟本身也许和公共工程署项目目标一致，为最贫穷的居民提供负担得起的市政住宅。公共工程署共有51个住房项目，其中27个是在清拆贫民窟后的空地上建造的。对于贫困人口或因清拆贫民窟而流离失所的人来说，他们能够负担得起的新市政住宅社区寥寥无几。例如，由于748套公寓的申请者人数众多，洛克菲尔德花园公寓根据一系列模糊不清的"常识……与他们的收入、性格、稳定性等相关的规则"从中挑选。

例如，在亚特兰大，铁克伍德家园和大学之家（Techwood Homes and University Homes）的规划设计始于1933年。就像在印第安纳波利斯一样，当地房东、公寓经理和建筑商对联邦政府建造和管理的住房对市场的潜在影响提出抗议，这阻碍了美国各地市政住宅的发展。这些实质性的反对意见笨拙地掩饰了种族隔离主义者的担忧。他们担心市政住宅将在某种程度上导致跨越种族界线的平等，但公共工程署的住房建设却照例复制甚至加剧了种族隔离。例如，在1930年，铁克伍德家园原本规划27%的居民是非洲裔美国人，但随后建设的市政住宅却变成了只有白人居住的隔离社区。直到1965年《民权法案》（Civil Rights Act）宣布住房隔离属于非法行为，才有一个非洲裔美国人在铁克伍德家园安家落户。

铁克伍德家园和大学之家最著名的支持者之一是当地规划师查尔斯·F.帕尔默（Charles F. Palmer）。和亨利·赖特一样，帕尔默也去欧洲寻找灵感，但他并没有受到欧洲大陆建筑风格的影响。相反，1934年他去了意大利，被贝尼托·墨索里尼（Benito Mussolini）在那不勒斯推行的果断强硬的贫民窟清拆计划所吸引。他认为这是一个强有力的政府集权计划，对改造美国的贫民窟至关重要。帕尔默最初关注佐治亚理工学院附近的一个社区，但他很快就在亚特兰大大学找到了一个盟友校长约翰·霍普（John Hope）。霍普已经单枪匹马地开始倡导在他的非洲裔美国人大学的周边地区进行社区清拆。

霍普成为贫民窟清拆项目的不懈支持者，该项目为大学之家开发项目腾出土地，而大学之家则成为一个种族隔离的非洲裔美国人社区。

在铁克伍德家园，不可名状的煤渣砖块建筑具有防火功能。这些建筑配备完善，有白色搪瓷橱柜、垃圾处理系统和众多壁挂容器，此外还有5个洗衣房、1个礼堂、1个幼儿园、1个图书馆和1个医疗中心。100多条长椅散落在景观密集的社区中，突显了公共工程署在市政住宅中塑造空间社区的承诺。然而，铁克伍德家园并不是任何一个无家可归的贫民的安家之所，1993年，一位原来的住户说这里的居民"都是中产阶级类型的人"。

许多建筑项目自诩为贫困地区做出决定性的、道义的以及可见的改造，与此类似，拆除现有贫民窟行为也是一件滑稽做作之举。1934年12月，一群当地支持者和联邦政府官员聚集在印第安纳波利斯的洛克菲尔德花园公寓的空地上，举行了房屋拆除仪式。官员们曾希望通过拆毁一个建筑，试图营造一个令人叹为观止的场面，而承包商一再重申这种作秀的危险性，计划最终被取消。然而，9月内政部长哈罗德·伊克斯（Harold Ickes）出现在亚特兰大两处地块的清拆仪式上。伊克斯炸毁了地块上需要拆除的两栋房子，后来用于建造铁克伍德家园和大学之家。1939年3月，得克萨斯州科珀斯克里斯蒂市举行了拆迁仪式，一片颇具代表性的棚户区被夷为平地，凯尼居所（Kinney Place）随即开工建设，尽管"在房子倒地之前需要付出双倍的努力"。1935年9月，美国第一夫人埃莉诺·罗斯福作为嘉宾出席了底特律拆除仪式，这是布鲁斯特之家（Brewster Homes）贫民窟清拆项目的一部分。当第一夫人挥动手帕时，一辆固定在框架房屋上的卡车向前开动，"灰尘落在扬声器和2万名观众身上"。

劳伦斯·M.弗里德曼认为，在大萧条时期，市政住宅是为"没落的中产阶级"提供居所，他们是白人，只是暂时处于贫困状态，但在战争结束之后，他认为市政住宅的目标应该是常年处于贫困状态的人群，尤其是非洲裔美国人。当《军人安置法案》（GI Bill）、联邦住宅管理局的优惠贷款以及廉价的郊区住房促使许多城市白人居民搬到独户宅邸时，规划者们开始为贫困的非洲裔美国人提供高密度的市政住宅。1937年的《瓦格纳住房法》使高密度高层住宅极具吸引力，因为它将建筑费用控制在每个房间1250美元，并要求随之消灭贫民窟。这往往会在最近清拆的城市中心催生更多标准化的高层建筑，《1949年住房法》将更多资金用于贫民窟清拆，为市政住宅腾出更多空间。例如，1938年，布鲁斯特之家在底特律揭幕，701个非洲裔美国家庭搬进了低层公寓楼。然而，1942年，6栋14层的弗雷德里克·道格拉斯公寓大楼（Frederick Douglass Apartment）开始建设，改变了布鲁斯特－道格拉斯社区（Brewster‐Douglass community）。该社区于1952—1955年竣工，与公共工程署所倡导的规模较小的市政住宅相比，它是一个惊人的突破，顶峰时期容纳了8000名至10000名居民，这些高楼成为城市中心重要的地标建筑。

很少有美国市政住宅项目能与圣路易斯的温德尔澳普鲁蒂之家和威廉艾戈公寓（Wendell O. Pruitt Homes and William Igoe Apartments，统称为普鲁蒂－艾戈住房项目）相提并论。该社区于1955年投入使用，拥有33栋11层高的建筑楼群，计划容纳约15000名租户。由莱因韦贝尔公司、山崎公司和赫尔穆特公司（Leinweber, Yamasaki and Hellmuth）共同设计的普鲁蒂－艾戈住房项目是一个了无修饰的混凝土现代主义建筑楼群，尽管该建筑最大限度地沿袭了山崎实（Minoru Yamasaki）的建筑风格，山崎实是世贸中心的设计者。建筑师最初提出建造高矮不一的楼群，但公共住房管理人员坚持普鲁蒂－艾戈建筑高度必须一致。规模宏大的混凝土楼群整齐划一，常常被比作勒·柯布西耶（Le Corbusier）1925年的"瓦赞计划"（Plan Voisin）。瓦赞计划提出将巴黎的一个社区夷为平地，建造外观毫无修饰的十字形塔楼群。巴黎在历史上从未有过类似的建筑，而普鲁蒂－艾戈住房项目是美国少数几个选择建造规模宏大的建筑楼群的市政住宅设计之一（图6-7）。

图6-7 圣路易斯的普鲁蒂－艾戈住房项目原本计划容纳15000名居民，是美国人口最密集的市政住房社区之一。照片来源：贝特曼拍摄，盖蒂图片社

芝加哥庞大的卡布里尼-格林建筑群也有类似的历史。弗朗西斯-卡布里尼住宅区（Frances Cabrini Homes）于1942年竣工，拥有586个2层和3层住宅单元。这些联排住宅只是一些平庸无奇的棚屋，里面住着战时工厂的工人和贫困的家庭。芝加哥住房管理局（Chicago Housing Authority）希望卡布里尼住宅区的居民80%是白人、20%是黑人，但在1949年，黑人比例约占40%。卡布里尼扩建项目建造了15座塔楼，增加了1952个单元，高度从7层到19层不等；格林住宅区（Green Homes）于1961年完工，在8栋15层或16层楼高的建筑中又增加了1096个单元。卡布里尼扩建项目是一个混凝土建筑，建筑外部使用红砖填充板，格林住宅是混凝土框架结构，外部使用现场浇筑混凝土板。卡布里尼-格林建筑群在其顶峰时期容纳了15000名居民。

郊区同质化问题的复杂性

在美国内陆城市被夷为平地的同时，其周边地区正在被几十个郊区社区占据。"二战"后，美国郊区已经与流水线建筑和可互换材料的同质性联系在一起，很大程度上，这种印象是由威廉·莱维特（William Levitt）建造的7个莱维顿社区营造的。1947年，原纽约长岛的莱维顿社区开始建设施工，到1951年，已经有17447个家庭入住（图6-8）。1949年，莱维特安装了一个标牌，欢迎游客和居民来到"莱维顿，一个花园社区"，这种描述让人想起英国的田园郊区。然而，莱维顿社区在建筑上与埃比尼泽·霍华德提出的田园城市截然不同。宾西法尼亚州的莱维顿社区有6种户型，它们有共同的特点，如落地窗和自然采光空间、开放式楼面、配备最现代化电器的厨房，以及供个人和社区使用的户外生活空间。第一个在宾夕法尼亚州建造的户型

图6-8　1948年6月，在纽约莱维顿，建筑工人在摆拍，旁边是一所在建房屋的预制组件。摄影：托尼·林克/生活图片集，盖蒂图片社

"莱维顿人"（Levittowner），面积约1000平方英尺[1]，厨房位于房屋的前部，后面是1个面积12英尺 × 13英尺的客厅和3个卧室。莱维顿社区用一系列的契约规章来管理居民对房屋结构的修改；例如，长岛莱维顿社区禁止在房屋所有权期的前25年内安装围栏，并且要求业主在4月至11月期间每周修剪一次草坪。

郊区的材料同质性启动了大众文化批评的平台。（图6-9）1957年，一位记者在调查新近落成的宾夕法尼亚州莱维顿社区时总结道："就目前情况而言，莱维顿社区的大片土地裸露闲置。放眼望去，到处是新建楼宇，外墙裸露，毫无装饰，所有建筑大同小异，令许多游客在视觉审美上深感不悦。"郊区在公共叙事中扮演着视觉上、地理上和物质上统一性的象征功能，在不同的叙事中，这是一种伪装虚饰，掩盖了不健全的家庭、男子气概和个性衰落、亦或纯粹无聊的表象。例如，约翰·济慈在1956年的作品《落地窗上的裂缝》（*The Crack in the Picture Window*）中，将典型的郊区住宅描述为"一个放在冰冷的水泥板上的小盒子"，有一面大落地窗，"透过落地窗，放眼望去，满目都是街对面的盒子，马路上光秃秃的，连棵树都没有"。大卫·理斯曼（David Riesman）提到建筑的大落地窗时，呼应了济慈的观点，他指出："透过大落地窗看到的是光秃秃没有树木的街道、汽车和别人家的落地窗。"1956年在对芝加哥郊区住宅的评估中，威廉·H.怀特（William H. Whyte）写道："从外形上看，它们极其相似。如果没有粉刷和装饰，新来的住户很难在这个迷宫中找到自己的家。"在大多数这样的分析中，郊区建筑统一的材料特

1　1平方英尺 ≈ 0.0929平方米。——编者注

图 6-9　1949年纽约莱维顿鸟瞰图，似乎在强调"二战"后郊区的规模宏大、整齐划一。到1951年，纽约郊区的莱维顿有17000多套住房。照片来源：贝特曼拍摄，盖蒂图片社

征被描述得非常模糊，而这些作者却抱怨社会一致性的概念，某种程度上，郊区的种种景观是社会一致性的绝佳例证。

相对而言，很少有观察者关注郊区居民积极改造房屋的方式；相反，评论家们被新建的一排排普通住宅的视觉同质化所吸引。威廉·怀特描绘了一幅郊区居民遵循视觉一致性潜规则的画面，但他也承认，"居民非常清楚谁对基本的牧场住宅设计进行了什么样的'改进'"。莱维顿住宅中最常见的改造是把一个房间改为餐厅，而许多郊区住宅的"小厨房"没有设置餐厅。新建一个餐厅可能需要在房子顶层再建造一个房间，细分现有空间，或者将现有的房间加以改造。许多车棚被改造成完全封闭的车库，居民们尽可能地增加室内房间。随着时间的推移，房主们的景观设计和树木的生长至少弱化了建筑物完全一致的外观。

在1961年发表的论文《郊区的神话》中，贝内特·伯格（Bennett Berger）有别于众人，成为少数抵制将郊区描绘成简笔讽刺画的观察者之一。根据自己在1960年对加州郊区的研究，伯格认为，"从外面看，人们会立刻被一排排设计相同或略有变化的新型'牧场式'房屋所震撼"。他承认，对于像"建筑师、城市规划者、美学家和设计师这样的观察者来说，郊区代表着美国景观设计的凋零衰落，是美国标准化和庸俗化的缩影。一排又一排大规模制造出来的单调乏味的建筑被伪饰成家园，它们或杂乱聚集或四处分散伪装成一个又一个社区"。然而，伯格认为，在公众对郊区生活的批评中，诸如"落地窗、露台、烤肉架、电动割草机……都是一种符号象征，旨在唤起非郊区公众对另一种生活方式的向往"。伯格对"郊区神话"持怀疑态度，他认为对郊区的批评只是选择性地针对中产阶级和中上阶层的郊区居民。伯格并没有将郊区视为千篇一律的广阔平地，而是将其视为一种潜在的多样化的社会体验，持有偏见的观察者们混淆了这种潜在的多样性，他们急于将美国描绘成一个同质化的大熔炉。随后的学术研究倾向于支持伯格的论点，例如，贝基·M.尼克莱德斯（Becky M. Nicolaides）对洛杉矶郊区工人阶级进行了分析。他描绘了一些蓝领家庭，他们侍弄园圃、饲养家禽、有众多房客，拥有参差不齐或荡然无存的公用设施服务。房主们建造的郊区住宅风格各异。

美国郊区具有不为人知的多样性，但有色人种不断地被排除在几乎所有的美国郊区之外。联邦住房管理局（FHA）认为黑人居民会带来"负面影响"，他们应该被排除在联邦住房管理局资助的社区之外，所以"二战"后几乎所有的郊区居民都是白人。1954年8月，莱维特提出，莱维顿社区的种族隔离只是反映了白人居民对种族隔离的渴望。他告诉《周六晚邮报》："作为一名犹太人，我的头脑和内心没有种族偏见。但是，通过各种方式，我逐渐认识到，如果把房子卖给一个黑人家庭，那么90%到95%的白人客房都不会购买这个社区的房子。那是他们的态度，不是我们的。我们不拥有这种态度，也无法矫正这种态度。作为一家公司，我们的立场很简单：我们可以解决住房问题，或者我们可以解决种族问题。但我们无法同时解决这两个问题。"1960年，纽约莱维顿社区的82000名居民中没有一名非洲裔美国人，这里成为美国最大的白人社区。尽管如此，"二战"后非洲裔美国人的郊区还是在全国各地出现了。例如，玛格丽特·鲁思·利特尔（Margaret Ruth Little）记录了北卡罗来纳州罗利市的社区，这些社区通常采用与众不同的现代主义设计。借鉴殖民地复兴美学或种植园建筑特色的传统郊区设计在该地区比比皆是，但罗利市的非洲裔美国人郊区居民没有参考这种充满意识形态的设计风格，而是青睐现代主义设计。

规划失败遗留下来的废墟

1935年，埃莉诺·罗斯福夸张做作地主持了底特律"贫民窟房屋"的清拆工作，为后来的布鲁斯特－道格拉斯社区腾出了空间。罗斯福向聚集的人群表示祝贺，她说："今天，这项伟大工程业已启动，你们应该皆大欢喜。"但是，她对这种市政住宅项目的乐观态度可能不合时宜。像美国几乎所有管理市政住宅的地方住房委员会一样，底特律住房委员会延用了种族隔离政策，而且未能很好地维护社区建筑。和许多美国城市一样，一条新的州际公路彻底改变了布鲁斯特－道格拉斯，1963—1968年，75号州际公路在该社区旁边建成。最后一批布鲁斯特－道格拉斯居民于2008年搬离。在埃莉诺·罗斯福正式开始现场拆除房屋的79年之后，市长迈克·达根（Mike Duggan）在布鲁斯特－道格拉斯社区前召开了新闻发布会。他身后的破碎球开始拆除巨大的塔楼时，他宣布社区正式终结。

最终，几乎所有美国高密度的市政住宅都被夷为平地，常常和刚刚开始建设时的那种极具破坏性的场景如出一辙。例如，普鲁蒂－艾戈项目经常被援引为现代主义设计的原型，象征着现代主义和城市重建，1972年，巨型塔楼的内爆已成为现代主义的讣告。卡布里尼－格林社区于2008年开始拆除，最后一栋建筑于2011年拆除。1983年，印第安纳波利斯的洛克菲尔德花园公寓一半建筑被拆除，剩下的部分建筑最终变成了租金昂贵的公寓。

同样，许多"二战"后的购物中心要么被夷为平地，要么空无一人，许多"二战"后的郊区建筑年久失修，许多在"二战"后城市重建项目中建造的建筑也被拆毁。与其说这是建筑形式和建筑景观的失败，不如说这恰恰证实了建筑领域对构想、过时和毁灭可预知的循环往复，这是当代建筑空间的特点。这种雄心勃勃的建筑规划并非20世纪或21世纪所独有，但战后的建筑改造是从大规模破坏和拆除、意识形态重建以及不可避免的过时、衰落和毁灭的循环中崛起的。以这种方式处理的建筑空间，与其说关乎建筑风格、美学或形式，不如说是对建构社会体验的执着追求。维克多·格鲁恩的购物中心可能没有满足他天真的乐观主义，它们不是物质上的，甚至也不是社会的"失败"，它们的衰落只是证实了设计和过时的快速循环，而这种循环是当代建筑必经的发展阶段。

第七章

随身器物

劳里·A.威尔基/卡特丽娜·C.L.埃希纳/凯丽.方/

大卫·H.海德/阿莉莎·斯科特/安纳莉丝·莫里斯

只有残疾人才能意识到，端坐时比正常人矮1英尺的现实会给人带来诸多不适和烦恼。毕竟，谁也不能总是随时随地带着自己特制的椅子去剧院、图书馆、火车站和学校教室。

——伦道夫·伯恩（Randolph Bourne）

构思本章时，丛书的编辑认为，本章的撰稿人可涉猎与人体最密切相关的众多器物。本章的确会提及其中一些相关器物，但是，我们不能忽视20世纪和21世纪身体本身客体化的各种方式。笛卡尔认为身体和心灵共存，但同时它们又是相互独立的实体。这一观念已经并持续影响和塑造欧洲与美国社会中许多关于人类经验的霸权概念。然而，此间一些被边缘化的人群对这一观念提出了批评。他们认识到人类经验是被具化的，并且某些人享有特权，所以这些享有特权的人对这一事实视而不见。W.E.B.杜波依斯详细描述了塑造有色人种日常活动的双重意识，费朗茨·法农的"表皮化"概念，伊丽莎白·凯迪·斯坦顿（Elizabeth Cady Stanton）频繁被引用的陈述，即女孩"被生活的绿色牧场排斥在外"，或伯恩的上述引用——所有这些都代表了人们以不同的方式将身体解读为器物，一个不被当作完整人类的器物。

20世纪和21世纪的恐怖事件让人不寒而栗——"二战"中夺走数百万生命的集中营，20世纪战争中数百万有去无回的应征入伍的士兵，大规模监禁和种族净化——早有学者对此展开研究。在认识到这些事件有多么恐怖的同时，我们必须认识到，一味地追忆往昔，会让我们无暇顾及日常的死亡事件和暴力行为，这在时下已成为常态，变得稀松平常了（根据欧米、怀南特在1994年对"种族化"的解释）。

本卷任何一个章节都不可能面面俱到，涵盖这一时期的所有内容，有鉴于此，我们将聚焦一系列纷繁交错的主题。本章讲述了一系列个人撰写的小故事，从不同角度讲述作为器物的身体以及在20世纪和21世纪器物与身体的亲密关系。本章旨在使内容具有多重意义和主体间性，用不和谐和分裂状态来捕捉当时西方世界的生活现实。

劳里·A. 威尔基：关于身体缺陷的一得之见

1983年，奥利弗（Oliver）提出残疾的个人模式和社会模式的观点。个体模式指的是护理人员参与个人特殊状况的方式，而社会模式强调"残疾"是对特定身体缺陷的社会背景和历史背景的理解。伯恩（Bourne）对他乘坐轮椅在公共空间自由移动的难题发出感慨，这表明身体缺陷并不妨碍他个人的行动，但那个时代的环境和建筑却不适合他乘坐轮椅出行。由于社会缺乏包容之心，身体缺陷让他失去了行动自由。

对我来说，理解残疾的医学模式与社会模式之间的差异，不仅与我自己的经历产生了共鸣，也让我借此思考我的人生。当我还在子宫里的时候，包裹着胎儿的羊膜囊长出了多余的纤维束，我的右手和脚被裹缠其中。纤维束环收紧（束缚）了我的手指和脚趾，使它们停止发育。这种病症就是羊膜带综合征（ABS），这一病症最近由于沙奎姆·格里芬（Shaquem Griffin）成功的职业生涯而获得了更广泛的关注。沙奎姆是一名刚刚入选美国国家橄榄球联盟（NFL）的单手美式橄榄球运动员，他正是此种病症的患者。就我自身情况而言，出生时我的右手拇指是"正常的"，但其余手指只发育到第二个指关节，这些手指由皮肤连在一起，右脚除了"小拇指"外，大部分脚趾缺失。直到30多岁，我才了解到这个病症有一个确切的名字，在此之前我一直被人称有"先天性缺陷"。多年来我经历了三次手术，改善了右手的实用功能，生活中我是个左撇子（天生而非后天），日常生活中有时会隐约感到活动障碍（试着用半大不小、无法弯曲的手指触摸输入键盘最上面一排的数字和符号），但根本感受不到自己丧失了生活能力。

于我而言，最令人沮丧的时刻是在面对显然是为右手较大的人（男性）设计的设备以及在西方文化中最基本的社交礼节（握手）的时候。人在握手时通常有两种表现：一种是在握手时要看一眼对方的手，另一种是不看手。在这两类人中，有的人会注意到（通过视觉或触觉）我的手不"正常"，他们睁大眼睛以示震惊，在个别极端情况下，他们会迅速抽出自己的手或突然向下看。我希望人们能和我握手，体会一下这是一种什么感觉，因为这对很多人来说显然是不同寻常的。这个痛苦的过程曾让我倍感压力，我尽量避免类似的事情再次发生。而现在我则忙于一种实践，我将这看成是一个品行测试。

就我自己的处境而言，我早年的生活受到残疾的医学模式影响，我认为身体缺陷需要"处理"或修复。直到最近，我母亲才告诉我，一位参与分娩的医生建议我父母把我的手截肢，因为这样做会更便于安装假肢。听到这个消息，我震惊或者说惊恐不已。小时候，我曾幻想能花600万美元修复我的手脚，但如果与我的手彼此分离，我可能会成为一个完全不同的人。我将如何度过那些固执地找出单簧管音符的替代指法（以证明反对者是错误的）的日子？没有了我那短小的、乳头状的、没有指甲的手指，我又怎么能抚慰腹部痛如刀绞的婴儿，我还会是那个神奇的"婴儿耳语者"吗？我另类的具身体验既使人受益，也使人致残，它使我的身体成为一个独特的器物，从皮肤层面到骨骼层面都与众不同。

我经常在想，如果我生下来是一个男孩，而且成长为一个顺性别[1]男性，我对身体缺陷的具身体验会有什么不同。费希尔（Fisher）和古德利（Goodley）曾写过一篇关于残疾的"线性医学模型"的文章。这种观点认为，不仅身体缺陷需要修复，而且最终克服残疾也是线性的、英雄式的（男性化的）叙事弧的一部分。毫不奇怪，电

1　顺性别通常是用来形容对自己的生理特征和生理性别完全接受，甚至喜爱的人，也可以指顺应自己生理性别的意思。——译者注

视上的仿生人史蒂夫·奥斯汀（Steve Austin）被想象成一名宇航员，在一次实验技术的事故中受伤，然后被复活，变成了一个人类科技混种人或半机械人（赛博格）。假肢和使能技术与军事有着密切联系。毕竟，在20世纪，军事技术对身体造成的恐怖后果不断升级和完善。

正是在修复退伍老兵身体的背景之下，人们对康复技术和假肢进行了最大限度的投资。直到最近，人们还把假肢想象和设计成可以自然替代人类肢体的器物。塞林（Serlin）讨论了修复术如何使退伍军人能够像正常人那样"走路"，并参与到20世纪最具阳刚之气的话语和活动之中。对驾驶和其他汽车功能的"大胆"改装同样是为"二战"后的退伍残疾军人量身定做的，但是非退伍军人对其需求却很高。

我小小的右手从只裹着一层皮肤的手修复成为一只带有手指的手，这个修复是通过剖开手掌延长了我的手指，这不仅延续了医学上的残疾模式，也延续了20世纪的战争恐怖。皮肤移植，例如从我的大腿内侧取皮填补延长手指周围的皮肤，这个技术在19世纪20年代首次问世，但在"一战"之后得到了迅速发展。同样，西格鲁德·C.桑赛（Sigurd C. Sandzen），这位在1975年和1976年通过手术（我要指出的是，这些手术让我的手看起来更像那位科学怪人弗兰肯斯坦，同时也让我能够用打字机完成这个文本的撰写）"修复"我右手的外科医生在1967—1969年担任美国海军指挥官。此间，他研究开展了修复受伤军人的外科整形手术，20世纪70年代，他进一步完善并对外公布了这一外科手术。医生利用基于损伤致残的身体而研发出来的技术，来"修复"我这未受损伤但"不完美"的肢体。

***

在整个20世纪，身体有缺陷的人经常无法获得平等权利和仁慈对待，但在20世纪和21世纪，疾病病原体被赋予了能动性，用以主动控制身体活动和获得护理的机会。19世纪末与公共卫生有关的进步运动对20世纪初产生了影响。然而，它们却无法对抗西班牙持续肆虐的流感。1918年，西班牙流感在全球蔓延，最终夺走1亿人的生命。战争和瘟疫携手并进，美国军队向欧洲前线的推进加剧了西班牙流感从北美地区向外传播。脊髓灰质炎、肺结核、淋病、梅毒、麻疹、疱疹、艾滋病毒或艾滋病，以及最近暴发的埃博拉病毒和新型冠状病毒肺炎，自20世纪至今，给患者带来各种污名耻辱，人们用尽了不同的治疗手段。这些疾病有时呈现出一种人格化的身份，使罹患该症的受害者的人性黯然失色。

***

阿丽莎·斯科特：结核病菌——作为随身器物的细菌

细菌有时被描述为身体的一部分，有时又独立于身体而存在。传染性致病细菌可分为共有的、群体的和个人的。它们和它们的人类宿主一样受到界限和社会结构的影响。无论好坏，人们身上都携带着细菌。疾病可以通过症状和行为表现出来，但也可以通过时尚进行模仿或通过调整生活空间和其他卫生习惯表现出来。这些人、细菌、手工艺品、景观和建筑的集合构成了一个与种族、性别、残疾、年龄和阶级交叉的身份认同过程。全球健康差距只是不平等、界限和障碍的一种具体化、归化和隐形的方式。

在对20世纪随身器物的思考中，我受到了罗安清（Anna Tsing）

的"聚集"概念的影响，即人、环境和物质文化之间不确定和非扩展性的关系场景。罗安清有关生态和经济的著作与传染病研究相关，因为污染、艾滋病毒或艾滋病、营养和抗生素等因素都会影响结核病（TB）的易感性。费朗茨·法农提出了具身化概念，梅尔·陈（Mel Chen）分析了有毒金属如何被种族化并在文化上被定位于生命度的某一等级。这让我想到了身份认同、具身化和物质性之间的交互影响。

20世纪初，结核病在美国是一种主要的流行病。结核病是带有一般症状的慢性疾病，19世纪的人们将其称为"痨病"。痨病不仅是一种潜在的致命疾病，还被视为一种身份的象征。结核病的症状包括红唇、苍白的皮肤、消瘦和羸弱，这些恰好符合维多利亚时代人们对中产阶级、白人女性的完美想象，而女性时尚也开始模仿这些症状。紧身胸衣让女性看起来更加纤瘦，同时伴有呼吸困难和疲劳，这是典型的呼吸道感染的症状。结核病也被视为一种性格或一种情绪，一个"痨病患者"可能指的是一个有艺术细胞、抑郁或浪漫之人，而不是指现在患有一系列症状——咳嗽、体重减轻、发烧、皮肤损伤和出血的结核病患者。桑塔格写道："结核病是一种病人自身的病态。"

传染的概念确实存在，但是传染源是身体或物品，而不是微生物。一个人死后，他的衣服和物品有时会被烧掉，以防止传染。结核病也常常让人相信吸血鬼的存在，因为这种疾病发病缓慢，可能在体内潜伏多年。亲属死于肺结核后的很长一段时间里，家人会日渐消瘦，面色苍白，疲惫不堪。在19世纪20年代的新英格兰，挖掘亲属的坟墓并重新整理尸体的做法在历史上和考古学上都有记载。

消灭吸血鬼的做法可以被理解为试图防止人际传播。当时的报纸对此类事件的描述常常耸人听闻，这样做可能是出于绝望而不是真正相信，但是尸体确实具有传染性，而病菌就在体内。

1882年，罗伯特·科赫（Robert Koch）第一次发现了结核杆菌（图7-1）。从那时起，结核病有了新的形态。对于那些无法通过显微镜看到结核细菌的人来说，结核病被描述为一种硕大的甲虫，患结核病就是在"与虫子作战"。科尔法克斯疗养院的一本杂志《茶蜂》刊登了一幅漫画，描绘了一个瘦弱的拳击手与一只戴着拳击手套的巨型甲虫搏斗。现在，不仅结核杆菌被物质化了，而且与身体有明显区别，它具有邪恶的生命度的特征。医学康复的叙述专注于用精神训练来对抗这种疾病，甚至有人提出，可以用精神分析来治疗结核病。下面的故事来自加州科尔法克斯疗养院医生和病人共同

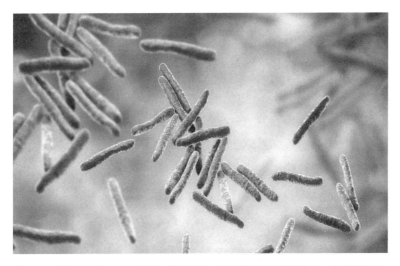

图7-1　肺结核细菌。照片来源：卡特琳娜·科恩拍摄/科学图片库，盖蒂图片社

编撰的杂志：

几天前，一位结核病专家告诉我这个故事。一位肺痨患者的治疗情况没有达到预期的效果。有人劝他停止工作，好好休息。他虽放下了工作，但并没有遵照医嘱休息。他早上起得很晚，吃完早餐，坐上几个小时，在附近街区转转，去了趟理发店，溜达了几圈，偶尔做些家务。他不明白自己为什么还是有点儿发烧。医生对他说："你是在闲逛，而不是在休息。"然后医生告诉他"休息"这个词用在结核病人身上的意思。休息意味着至少整天都要安安静静地坐着。如果静坐运动量太大而引起发烧，那就意味着只能在床上活动。如果床上的活动量太大，那就意味着要仰卧平躺，由护理人员喂食。

很大程度上，结核杆菌仍然与人体密不可分。结核病太常见了，以至人们认为大多数人都感染过这种疾病，所以医疗康复叙事专注于人们用精神意志、身体训练和严格的休息来对抗这种疾病。这种观点将结核病归因于不自律的身体。

结核杆菌有一个最喜欢的寄居地，那就是通风不畅、拥挤不堪的城市空间。1906年旧金山地震后，整座城市到处弥漫着灰尘和烟雾，人们发现该市女性患结核病的比例高于男性。从20世纪初到20世纪50年代，治疗结核病的疗养院推崇阳光、新鲜空气、高海拔以及特殊的饮食，旨在为结核杆菌创造一个不适宜生存的环境。虽然疗养院属于治疗机构，但它是模仿家庭空间建造的，通常里面有花园和大量的景观设计。虽然这种治疗机构通常被定性为管制空间，但也具有彰显社会阶层的功能。在大量结核病患者中，很少有人能负担得起疗养院的费用。政府或慈善疗养院有时会为那些无力支付费用的患者提供治疗机会，但它们无法隔离或遏制这种疾病，而是把重点放在培训患者通过改变日常习惯和改造生活空间来与这种病菌作斗争。除了这些比较传统的疗养院，结核病患者还会在某些地区购买房屋，如加州中部的科尔法克斯和魏玛镇（Weimar），以利用气候优势治疗疾病。当地农场或其他家庭偶尔会接收一两个结核病患者。在研究结核病疗养院时，制度形式的多样性是显露无遗，很快住在里面的人就和各种制度融在一起，不易区分。虽然考古研究通常侧重于建筑类型，但制度也影响着人们的生活，如婚姻制度和对家庭生活的期望，工作和恶劣的劳动条件或结构性种族主义。人们在这些相互交织的制度中艰难前行，有时利用一个制度来保护自己免受另一个制度的影响。

直到美国的结核病发病率开始下降，结核病才真正从身体中分离出来。因为抗生素可以治愈结核病，而且有些人从来没有感染过结核病菌，所以疾病就会转移到这些人身上。公共卫生运动发现边缘化人群的结核病发病率较高，并针对这一群体在疗养院进行住院治疗、重新培养家庭习惯和改造生活空间。过去，人们总是将结核病与贫穷和妇女相互关联，但现在它与移民、美洲原住民以及其他种族密切相关。

结核病目前是世界上第九大致死因素，但在美国却没有受到广泛关注，主要是因为人们仍然将结核病归因于国外。最近一次去看医生时，我被问及是否去过结核病多发的国家，而当时我就身在美国——一个有结核病的国家！人们认为结核病是由移民带来的和外国人过境引起的传染病之一，但却忽略了一个事实：即便美国公民的结核病发病率很低，但美国有很长的结核病历史，而且结核病在美国境内仍然存在。遭受污染、营养不良、感染艾滋病毒或艾滋病，以及处于其他困境的人更容易罹患结核病，许多作者将全球结核病健康差异归因于殖民主义的影响。未能为大众健康状况提供医疗服务，将结核病归因于其他国家，以及资源分配不平等的做法都是一种死亡政治，这种死亡政治对人视而不见，进而加剧了不平等现状。将结核病描述为一个人固有的部分会产生问题，但是将结核病菌定性为一种独立于身体之外的东西也会引发争论，这会让人们只关注细菌，而忽视造成健康差距的各种不平等形式。

＊＊＊

这种关于传染病和传染病与"他者"、"局外人"和"移民"相伴而生的观念影响了美国和整个欧洲的移民政策。难民营往往被视为社会无节制发展的赘生物，会威胁到社会更大群体的健康。在19世纪末20世纪初的美国，管制华人进入美国被认为是为了阻止华人对美国公民、政治和经济团体的威胁或危险。《排华法案》制造了某些特定类型的随身器物和相关组合。

＊＊＊

凯丽·方：生死之间：排华物质性——华裔美国人的契纸儿女们

我是一名在美几代的华裔美国人，是一名契纸儿子的孙女。过去，我的家庭在美国不受欢迎，就像19世纪末20世纪初的其他亚洲移民和当代的非白人移民一样。尽管通过华人在铁路、农场、罐头厂和工厂的劳动，富裕的白人雇主赚了个盆满钵满，但到了19世纪70年代末，西海岸的反华情绪已经严重到美国其他地区无法置之不理的程度。联邦政府将反华情绪编入法律，限制华裔美国人的生计，阻止他们移民美国，禁止他们加入国籍。1882年，美国国会通过了《排华法案》，10年内禁止中国劳工进入美国，并明确禁止中国移民入籍成为美国公民。尽管这项法律缓和了对"黄祸"（Yellow Peril）[1]入侵的仇华恐惧，安抚了白人劳工对外国竞争的种族主义的强烈抗议，但这段排华时期（1882—1943）对华裔美国人的影响一直持续至今，即被归类为"非法"外国人的遗留问题以及通过"契纸"儿女抵制移民的持久影响。

契纸家庭自1906年旧金山地震和火灾后开始出现。1906年的地震和大火摧毁了联邦大楼及其楼内保管的出生记录，由于美国公民不受《排华法案》的约束，所以一些华裔美国人就钻了这个空子。他们自称是在美国出生的公民，并利用派生公民身份法为他们的子女申请公民身份。[2]由于没有书面文件证明，无论其身份真实与否，政府别无选择，只能承认这些华人的出生公民权，以及他们在中国出生的子女的承袭公民权。父亲们把子女的公民身份契纸卖给家人、朋友和亲戚，这些人把这个契纸身份当作自己的身份，前往金山（Gum Saan or Gold Mountain），一个充满机遇的地方。然而，在这个过程中，侄子变成了契纸上的儿子，次子变成了契纸上的三儿子，家谱图变得极为复杂。由于儿子的公民权文件比女儿的公民权文件更有价值，父亲们声称自己生的是儿子而不是女儿，他们的女儿也

1　"黄祸"是成形于19世纪的一种极端民族主义理论。该理论宣扬黄种人对于白人是威胁，白人应当联合起来对付黄种人。19世纪末20世纪初，"黄祸论"甚嚣尘上，矛头指向中国和日本等国。——译者注

2　契纸儿女有两种通过出生获得公民身份的方法：一是只要在美国出生就可以享受到公民身份，二是美国公民子女拥有的派生公民身份（无论他们出生在哪里）。——原书注

因此消失不见了。

在20世纪10年代和20年代，契纸儿子成了中国移民的生命线，移民官员对这一点也心知肚明。为了应对他们认为的欺诈性（而不是抵制性）移民，移民局在旧金山湾中部的天使岛建造了一个移民站。1910—1940年，这个所谓的"西方的埃利斯岛"成为美国如何变成"把关国家"的象征和场所。"把关国家"出自历史学家李漪莲（Erika Lee）之口。这一时期，所有进入旧金山的移民都要经过天使岛，有色人种的移民尤其要接受严格的审讯和审查。审讯者希望能抓到契纸儿女，他们向中国移民详细询问家乡村庄的布局、家里房屋窗户的数量，或者亲属的各种细节。官员们将这些细节与自称已在美国的家庭成员进行交叉核对。这些细节相互印证即代表情况属实，而如果出现差错则代表存在欺诈。契纸儿女们研究应对审讯的辅导材料，这些材料罗列了他们冒充身份的那个人及其家人的各项事实。在审核官决定他们的命运之前，这些移民要等上几天、几周、几个月，甚至1年以上，他们可能获准进入旧金山，也可能被逐回中国。该移民站就是现在的加州州立公园，这里的棚屋木墙上刻着诗歌，记录着被拘留在此的华人的愤怒和焦虑。这些物质证据代表了遭受排斥不受欢迎的华人情感。

这段历史就是我的历史；我的祖父十几岁来到美国，名字也不是自己的本名。他在天使岛通过了审讯，幸存下来。他不懂英文，几乎没有受过教育，在加州艰难度日。他自学如何从事农业和服务行业，赚钱维持生计，并寄钱给住在香山的母亲。他用契纸上的名字身份生活了20年，直到第二次世界大战期间光荣退伍，才有机会修正自己的法律身份。他把姓氏改回了自己的本姓——方（Fong），但保留了他的契纸姓氏——袁（Yuen），作为他法定的中间名。然而，他只不过是幸运罢了。

几乎所有多代同堂的华裔家庭都有契纸族系；我们今天在美国的存在，证明了无数华裔美国人创造性地挫败了美国的排华制度。时至今日，许多契纸儿女的后代子女、孙辈和曾孙们仍然背负着不属于他们自己的姓氏；我差点儿就姓了袁而不是方。这种遗留问题的物质性无论生死都依然存在。生活中，每当家人写下自己的名字时，无论是在信件、家庭作业还是法律文件上，他们都会想起《排华法案》。死后，墓碑上刻着不属于自己的姓氏。尽管如此，很多家庭用自己的方式留存姓氏。知道自己的真实姓名是家庭密事，是有着契纸家族历史的家族内部和家族成员之间共同的秘密。修缮家谱的家族历史学家通常用汉字来代表他们的真实姓氏，旁边附上罗马字母书写的契纸名字。同样，在墓碑上，真实姓氏的汉字与罗马字母书写的契纸名字并列出现——如契纸名字 Chew 与汉字林（Lum），契纸名字 OwFook 与汉字欧阳（Oyoung）并列出现。1943 年，《排华法案》正式废除，但是排华历史和对华人的创伤依旧长期存在，并继续成为日常生活体验的一部分，代代相传。因此，随着当代有关移民政策的辩论日益激烈，杰森·德·雷昂等学者深入研究索诺兰沙漠过境者的物质性，我不禁想问，在这个"把关国家"里，排外的物质性在未来几代人的生与死之中会是什么样子。

＊＊＊

仇外心理为抵制同化的移民赋予了一种种族主义叙事。内战后的美国经济不稳定，仇外心理加剧了人们对工资不断下降和机械化程度日益提高的恐慌，它也成为一种在美国劳工运动中树立团结意识的佐证。在欧洲，工会的兴起受到社会主义思想的影响，这使得工业资本主义文化的阴谋可以为工人所利用。美国1935年通过的《国家劳动关系法》承认劳工有自我组织的权利，并改写了劳工、国家和工会之间的关系。"二战"后的西欧越来越依赖从前殖民地或欧洲其他地区输入的劳动力。在整个西方世界，工会一方面希望保护"本地"劳工的就业机会，另一方面还需要移民劳动力来增加成员数量。因此，作为一种独特的利益集团的概念，"工人阶级"一直是20世纪和21世纪身份政治的一部分，而且很大程度上是一种具身化的身份。

＊＊＊

大卫·H.海德：工作的躯体——19世纪和20世纪加州工业的劳工及其外在形象

夕阳西下，当最后一缕阳光从塞缪尔·亚当斯（Samuel Adams）的石灰窑上消失的时候，一天的工作并没有结束。工地上有三口锅，总是有一堆东西在燃烧，这意味着要添加木材燃料，要调节通风出口，还要将加工好的生石灰装进桶里。天黑之后，工人们点亮油灯，装好烟斗，喝着咖啡，也许还会背对着经理那双始终警惕的眼睛，把烈酒和葡萄酒倒进纯白色的大杯子里。他们舒展着四肢，涂抹着烧伤药膏，按摩着酸痛的肌肉。烧石灰的人身子一动，骨头就吱吱作响，从厨房的长凳上站起来，踉跄地走进黑夜，走向冒着烟、闷热的窑洞。这将是一个漫长难挨的夜班。

19世纪中期到20世纪中期，圣克鲁斯山麓到处都热闹非凡，充满活力，因为加州的城市繁荣和持续发展的基础设施对当地便宜实惠的生石灰的需求日益增加。萨缪尔·亚当斯窑厂工人的日常生活反映了美国西部新兴工业区不同人群的劳动场景。工人们大多是移民体力工作者，他们在危险和偏远的工作环境中工作和生活，劳动时间长，工资报酬低。在公司所在的城镇，劳动几乎占据了生活的全部，并且几乎涵盖了所有的社会关系。持续的移民潮、专业化程度的日益提高以及工业技术的飞速发展不断重塑着脆弱的劳资关系。在塞缪尔·亚当斯的窑场，随着燃料成本上涨，资源整合，竞争加剧，这种紧张关系在20世纪愈演愈烈。

有人认为，在这种情况下，劳动者应该被理解为"社会工作者"，他们的劳动是"有组织的，适应社会需求的，有价值的，能够得以彰显的"。在现代社会，劳动成为一种身份，作为一个人，你是谁，取决于你做了什么、你怎么做、和谁一起做。随着时间的推移，劳资关系在阶级、工会和政治身份中沉淀下来，在不同层面构建了社会关系和互动作用。

因此，劳动不仅仅是为了完成某项任务而简单地消耗能量。劳动是具化的，它改变了人类的形体，并且留下了体征，这些体征清晰可辨。然而，身体并不是模糊或被动的"景观"，而是作为全部生活经验而存在。因为劳动是"被殖民化的、被强制的、被控制的、被剥削的、负债的、按照等级划分的、分配不平等的、结构僵化的"，所以劳动的身体符号以特定的方式被划分了等级、赋予了社会性别、种族和生物性别。

自19世纪末开始一直持续到20世纪，在加州，职业、种族、性别以及身体错综复杂地交织在一起。白人工人阶级男性被定义为男子气概的代表，不仅通过工作，而且"通过与工作相关的身体符号"得以体现。虽然工人阶级男性的形象是性情暴躁、行为粗鲁，与中产阶级和上层阶级男性的温文尔雅、品行端正形成鲜明对比，但工人阶级男性的身体素质仍然在形体上成为"典范"。然而，工人阶级男性建立了自己的标杆，能用劳动力换取经济资源，以供养家人。工人阶级的阳刚之气包含了"能够养家糊口"和父权制家庭观念。

上流社会的男性试图通过锻炼和运动获得"阳刚之气"，而工人阶级的男性则通过劳动轻松获得。在劳动中，工人阶级的身体遭受着暴力行为：工业事故导致工人受伤、瘫痪或死亡的显性暴力，控制、监视、治安和规约形式的结构性暴力，冲突和虐待工人的社会性暴力，双手长满老茧、后背疼痛和受伤等日常习惯性暴力，以及罹患尘肺病、肺结核、失聪和失明等职业病的隐性暴力。这些工业劳动带来的身体缺陷成为一种永久的风险因素，这种风险可能会使劳动者丧失体力、工作能力、养家糊口的能力以及成为男人的能力。

现实中，这些劳动可能导致骨折、肌肉肿胀、骨骼异常粗壮以及生物考古学家拼凑的各种病态。然而，这些身体符号也是索引符号，反映和构建其社会行为的意义。正如德斯科拉（Descola）所言，"体格特征不仅仅是有机体和非生物体的物质层面；它是一个特定实体特有气质外在的表征体现，这种表现是看得见摸得着的"。具化的劳动实践超越了有形的肉体。工具、衣服、个人物品、装饰品，甚至面部毛发，都以复杂的方式与身体合作或对抗，以构建它们索引的类别，并通过积极的具身化不断创造意义。

塞缪尔·亚当斯窑场的劳工穿着牛仔裤和长袖工作衫，以保护自己免受锋利工具、锯齿状岩石、燃烧余烬和腐蚀性生石灰的伤害。工人们选择商标明显且易于辨认的亲工会派的品牌服装，这并非偶然。共享的单人间小屋里塞满了帆布床，似家非家，是劳动者的蜗居之地。

共用空间、工具和服装，不仅在塞缪尔·亚当斯的窑场，而且在美国的所有工业场所都有助于让劳动者凝心聚力，建立起工人团体。在整个20世纪，劳动者被动员起来团结一致争取更高的工资、更短的工作时间、更安全的工作环境以及职场权力关系中更大的平等。然而，与此同时，这些人又被动员到全球战争的前线，在现代冲突的死亡政治中沦为牺牲品，他们的阳刚之气在工业战争的蹂躏破坏中遭到阉割。整个20世纪和时至今日的21世纪，这些人不仅在战争中而且在全球经济冲突中仍然成为牺牲品。外包、机械化和自动化淘汰了这些劳动者，以新颖微妙的方式夺走了他们的阳刚之气。全球化的模糊本质使劳动者彼此对立，在基于种族、国籍和宗教的劳动者之间划分阵营并相互指责。经济暴力和阳刚之气面临的危机波及整个20世纪和21世纪，在经济民粹主义、仇外心理和劳资纠纷中回荡，不断成为近期破坏性事件的焦点中心，如"英国脱欧"，非主流右派的崛起和唐纳德·特朗普当选总统。这些以民粹主义和民族主义言论和意识形态为载体的事态持续发展，反过来又以或新或老的方式针对不同劳动者施加暴力，这些暴力本身也遭到新一轮的抵制，出现了新的合作和跨越传统劳动分工的联盟，这进一步使劳动、身体、权力和身份之间的关系得以重置。劳动方式发生了变化，而劳动本身也在影响着变化。劳动者的身体却仍然永无停息、不断劳作。

***

在整个20世纪，工人阶级男性遭受剥削，女性亦难逃厄运。尽管出现了三次女权运动浪潮，但是父权制资本主义塑造了整个20世纪的性别关系，导致两性之间权力关系的不平衡。女性的性行为，特别是与她们的生殖生物学相关的性行为，过去是，现在仍然是社会化和制度化监管的主要焦点。

***

卡特丽娜·C.L.埃希纳：身体堕落的洋相——监管美国女性身体的威胁

身体是危险的，尤其是年轻女性的身体，她们的生殖潜能打破了身体无法自给自足的障碍。女性身体不受约束而且流畅优美，它可以消耗、转化和生产。女性身体出于维系生命或应对重病，会分泌出乳汁、血液和黏液。她们的身体长出毛发、指甲，孕育肉体（自己的和他人的）。因此，女性的身体难以控制。它超越了自身。

在美国，20世纪和当代性别政治大多集中在对女性身体的控制、监督和规范上。将女性身体客体化，视其为玩物、商品、孵化器和展示品，和将其描述为危险的污染物、过度生产的机器和诱捕的容器一样普遍。通过控制和胁迫，资本主义欧美文化中的女性外形被用来象征和证明男性统治的合理性。理由是，如果女性不能控制自己——不按照（健康的、白人的、中产阶级的、男性的）正常的身体标准来要求自己——那么她们就必须接受外界的管理。而在一个信奉性别二元论的社会里，显而易见其管理者必定是男性。在这个范式中，女性身体被归类为非男性、他者和非人。男性被视为主体，而作为男性对立面的女性则被归类为客体，人性也随之丧失。女性气质被病态化为一种危险的自然实体，必须通过外部干预使其文明化，进而成为理想女性。其内在逻辑是，身体的价值源于外界的凝视，而人格只在那些身体符合理想化标准的女性身上才能获得承认。

20世纪，女性身体被描述为一种奇观，"一种视线的对象，尤其是公众关注的对象"。但是这种客体化是如何发生的呢？正如恩格斯在《家庭、私有制和国家的起源》中所论述的那样，在工业资本主义兴起之后，现代社会男女配偶或"核心"家庭的霸权式构建改变了社会性别领域，将女性从家庭共同财产的平等贡献者重新定义为家庭中的首席用人。男性成为公共领域内主要的"劳动工具"，他们积累了家庭财富和财产；与此同时，留守家庭的女性变成了无偿的家庭管理者，她们的财富和财产积累依赖于男性的供养。因此，女性的劳动被男性家庭成员以零交换价值获取，从而导致女性劳动在工业领域内进一步贬值，工人阶级女性的工资低于工人阶级男性的工资就是很好的佐证。女性价值体现在她们的生殖潜力上，女性以孕育男性后代的形式创造未来的"劳动工具"。这种价值在合法的婚姻契约中从父亲转移到丈夫身上；女性价值在于她们作为器物的商品化，她们的希望在于增加个人财富，或者（在最坏的情况下）她们低廉的劳动可以在公共市场上进行交换。

显而易见，在资本主义父权制下，女性身体不再是公众关注的对象，因为在日常生活中人们往往忽视事物和器物的存在。然而，女性的商品化使女性身体遭受严密的监管；一旦被视为器物，女性在霸权式控制的社会结构之外重新获取自主权并维护其自身主体性就会存在风险。在整个20世纪，女性身体的堕落——在社会中被认为是堕落的习惯行为——受到政治、医学、宗教和社会机构的正式管控，也受到流行文化媒体和市场营销活动的非正式监管。卖淫、堕胎和色情等对社会构成威胁的性行为受到特别关注。与传统规范格格不入的色情盛况空前，这挑战了女性是被动商品的观点。女性身体做出的离经叛道的、主动的反抗象征着无法无天和伤风败俗。人们往往使用"渐进式改革"（Progressive Reform）和"卫生"之类的语言来表述女性堕落，称其为一种社会"弊病"或"疾病"，所到之处必会使人腐化堕落。那些行为不端和身体不服从社会管束的女性被视为对社会和身体健康的威胁。

"'她在出洋相'这句话意味着违背某些传统行为规范和禁忌，这些规范和禁忌控制和规范了女性身体。因此，'洋相'这一概念成为被动与主动之间的复杂交集。"通过法律、媒体和物质控制对女性身体施加管制并不是没有遭到过女性的反抗。她们积极主动争取自己的权利，按自己的条件选择采用或拒绝对她们身体的管制规则。正如20世纪女权运动所证明的那样，以集体行动的方式开展有组织的抵抗可能是一种行之有效的方法，通过这种方法来改变社会思想，使之前被视为不健康的行为正常化。许多法律和媒体的描述强化了女性是必须加以管制的财产这一观念，但社会改革运动推动了整个世纪的重大立法改革。到1900年，美国有26个州允许已婚女性支配自己的收入；1920年女性获得了选举权；根据1922年的《凯布尔法》（the Cable Act），女性在与外籍人士结婚后仍然保留美国公民身份；1963年的《同工同酬法》（the Equal Pay Act）废除了基于性别歧视的工资差距（尽管合法性和现实往往缺乏对等）。然而，值得注意的是，父权制的监管不仅由男性来延续，也由受益于父权制权力结构的女性来延续。中产阶级的WASP（白人、盎格鲁－撒克逊人、新教徒）女性积极捍卫支配来自下层社会、拥有不同种族背景或无公民身份者的权利。有时候，多数女性能够欣然接受社会习俗、物质风俗和管制理念，因为它们不仅使女性有一种自我掌控的感觉，而且还让女性拥有某种程度的主体权力，凌驾于自己被定义的"他者"身份之上。

对色情业这一特定领域的管制，极大地改变了美国的城市景观、军工体系和教育体系。19世纪，人们普遍认为卖淫是一种生物罪恶，无法避免；或至少认为卖淫是由毫无道德、掠夺成性的男性对女性施加的堕落行为，令人悲痛。受地理位置所限，红灯区常常见于城市的工业港口周围，黄色书刊唾手可得，里面刊登着低档夜总会和妓院的位置以及服务价单。受第二次大觉醒运动（Second Great Awakening）[1]的启发，妓女收容所协会（Magdalene Societies）主要拯救那些沦为受害者的贫穷妇女。但维多利亚时代的大多数改革者则坚持认为，男性应当为性交易行业承担责任。到了20世纪初，在进步派改革者的推动下，红灯区的清理和净化运动得以开展。在当时的社会卫生运动中，妓女被重新归类为疾病携带者，她们引诱男性上床并将性病传染给他们。丈夫，可悲幼稚的年轻男性，可能把性病带到他们的床上，再传染给无辜的妻子。随后，以前专门从事性交易的城市社区开始拆迁和重新划分。警察突击搜查以及红灯区削减法案强行关闭了一些场所，这些法案允许对声名狼藉的场所提出骚扰投诉；到1919年，在美国社会卫生协会（其顾问委员会包括企业家小约翰·D.洛克菲勒、哈佛大学校长和斯坦福大学校长）的

1　第二次大觉醒运动也被称作福音新教运动。福音新教指致力于传播基督教福音的新教教派。第二次大觉醒运动不再将宗教复兴本身作为唯一目标，而是同其他社会目标紧密联系起来，强调宗教复兴信仰对于保证美国社会制度与宗教信仰制度万世不朽的必要性。——译者注

协助下，41个州通过了红灯区消减法案。其他一些红灯区也退出了历史舞台，因为城外的顾客绕过铁路线和新建的市场中心，逐步被引导着远离了那些知名的卖淫区。随着这群女性被赶出这个行业，她们中有很多人被迫作为独立个体非法继续她们的色情生意，其他人则从事危险的工厂劳作，挣扎着赚取工资维持生计。

20世纪迎来了以性卫生为重点的物质文化。最为常见的新工具之一是冲洗注射器。阴道冲洗、阴茎冲洗和肛门冲洗注射器的问世为梅毒和淋病的常见症状提供了新的治疗手段。硫化橡胶最初由玻璃管手工制作，它见证了标准化注射器模具的发展和大众对日常冲洗的逐步接受过程。（清洗身体上分泌黏液的孔和排泄孔）不仅能冲走细菌，还能创造一个消毒环境，防止疾病繁殖扩散。到了20世纪20年代，诸如硼砂（Borax）、李斯德林（Listerine）和来苏尔（Lysol）这样的冲洗剂广告不需要像19世纪末那样指导消费者操作冲洗过程。相反，他们希望能证明某些注射器（管状与球状）和制剂对治疗特定疾病的优势。其他预防药物也不断面世，比如橡胶避孕套，在1912年发明胶合剂浸渍技术后开始普及。如今人们普遍认为避孕套是一种避孕工具，但是在过去，多数情况下它被宣传为一种预防性病的方式。虽然1873年的《禁止淫秽文学和不道德用途物品的交易和流通法》（the 1873 Act for the Suppression of Trade in, and Circulation of, Obscene Literature and Articles of Immoral Use）——更广为人知的是《康斯托克法》（Comstock Laws）——将通过美国邮政服务发送与避孕和淫秽信息相关的材料和广告认定为犯罪行为，1918年的《克兰法案》（Crane Act）允许医生合法开具避孕药，如果明确用于预防某种疾病，则予以分发。1919年，杨氏橡胶公司首次大规模生产乳胶避孕套，这种避孕套日益受到青睐，到1931年，美国每天生产的避孕套多达140万个。

在两次世界大战期间，反对卖淫的运动还包括警告性病传播的宣传海报。早期，向美国士兵发放避孕套是否道德引发了广泛争论，导致美国军队在第一次世界大战期间没有为士兵配给避孕药具，在第二次世界大战之前也只发放了性交后的清洁包。然而，随着性病感染率不断攀升（估计每1000名士兵中约有190人感染性病），美国军队在1931年开始向士兵发放标准的预防性避孕套，简称"pro"。对那些拜倒在美女石榴裙下的美国大兵来说，避孕套无疑是他们的第一道防线。

性病和其他性传播感染（STIs）的传播率从男性传染给女性通常要高得多，因为与阴茎的皮肤相比，阴道的组织更薄，表面积更大，但是，在20世纪的大部分时间里，滥交的女性常常被指责为性病感染和疾病传播的罪魁祸首。在整个20世纪，避孕套仍然是最受欢迎的避孕方式之一，尽管它们在20世纪80年代艾滋病流行之后就已经备受青睐。

20世纪，反对合法堕胎和节育的论点也将责任推给了女性。工业生产和大规模销售的化学堕胎药，如普列薄荷片（penny royal pill），在19世纪风靡一时。这种药可以使月经推迟，到怀孕4个月左右胎动加快之前都可以服用此药进行堕胎。然而，1873年的《康斯托克法》禁止了合法销售和运输避孕药，进一步鼓励反堕胎倡导者在各州出台相关法令。类似的法律早在1821年就已出台，当时在康涅狄格出售化学药品"导致或促成任何已经能感受到胎动的怀孕女性流产"是一种犯罪行为。到1900年，所有州都将堕胎定为刑事犯罪，但也有例外，比如孕妇生命垂危，或遭到乱伦或强奸。这些禁令的支持者来自医学界，美国医学协会（AMA）1847年成立，是改变法律环境的主要倡导者。学者们认为，医生倡导者之所以支持堕胎非法化的观点，是因为医疗行业希望在新定义的妇科医学领域抵消来自助产士的竞争。此外，民族主义者和优生学家主张对生育控制实施更加严格的监管，因为他们担心中产阶级的WASP（白人、盎格鲁－撒克逊人、新教徒）女性已经接受了自愿生育的观念，从而损害了全国民众的利益。外国人、天主教徒和工人阶级女性生育速度空前，由此而来的担忧空穴来风，对那些已婚、中产阶级、WASP（白人、盎格鲁－撒克逊人、新教徒）女性进行节育限制，已经显得不合时宜，并引发了广泛关注。与此同时，依赖慈善和社会福利救助而生存的各种母亲原型——过度生育的母亲、不健康的移民母亲、黑人母亲或职业母亲——开始进入大众意识。这些原型的存在证明了某些法律的合理性，比如1909年的《加州无性恋法案》（California's Asexualization Act），以及20世纪初到2013年期间32个州由联邦和州政府资助的强制绝育。虽然像玛格丽特·桑格（Margaret Sanger）这样的女权主义者为女性争取计划生育和节育的权利（1916年10月6日，她开设了第一家节育诊所，并资助激素避孕药的早期研究），但许多人都是声援选择性生育的优生学家，反对精神上和身体上有缺陷的人群过度生育。

到20世纪40年代，杀精剂和屏障式节育方法，如宫颈帽、避孕膜（也被称为"子宫罩"）和避孕海绵被大量推销给已婚夫妇。学校的性教育课程告诉孩子们，和谐性生活（比如已婚异性夫妇性交）是一种健康的生活方式。对保持性健康来说，适度性交与仪态仪表，如梳头、刷牙、穿着适合性别身份的服饰，一样重要。然而，按照19世纪的思想，鉴于手淫等个人性行为在精神疾病中所产生的影响，这种行为应该受到限制。20世纪的家长指南和儿童健康读物警告孩子们耽于享乐的危害，建议将一个人的神经能量重新集中到适合其性别的活动上。要鼓励男孩子参加户外运动和阅读冒险类书籍。女孩子要掌握家政、社交娱乐和正确自我展示的技能，因为过多的空闲时间和无所事事独自玩耍可能会带来可怕的后果。

1922年，美国社会卫生协会（ASHA）发布了"青春与生命"系列海报，阐明在理想化的家庭生活背景下，年轻女孩的身体健康和道德健康的重要性。"尊重你的身体"，海报标语疾呼道，"站直——挺胸，脚掌向前——不要向外……姿态优雅的身体可以培养自尊心，并赢得他人的尊重。"海报上有一张黑白照片，一位衣着朴素的年轻女子自信满满，图片标题"模仿姿势，不是鞋子"，暗指当时轻佻女子喜欢那些不体面的高跟鞋。这一系列的海报教导女孩们通过正确的卫生习惯和微笑来获得"永恒的美丽"！日常生活中，女性总是引人注目，到了20世纪中叶，杂志和电视上的化妆品和服装广告不断地强化这一观念。她们的价值源于她们的美貌、青春和健康。那些行为不符合当时审美标准的女性要么被贴上"轻佻女人"的标签——浓妆艳抹、穿着暴露；要么被贴上"拘泥守旧"的标签——素面朝天、穿着过于朴素。到世纪中叶，理想女性不仅是消费者，而且还成为被评判的对象，评判标准基于她对标准化美容的认同程度和实践情况。

到了1960年，美国食品药品监督管理局批准了首例口服避孕药异炔诺酮－炔雌醇甲醚片。这种避孕药物让这一时期的女性掌握了计划生育的主动权。此外，无论好坏，它还能调节和固化女性的生理周期。抗生素效力日益增强，民权运动蓬勃发展，避孕药也随之开启了性表达的新纪元。

色情作品及其对流行文化的渗透也催生了一个新时代——多样化的审美标准，超越衣着形式的身体表演。与先进的摄影手法（如喷绘）珠联璧合，理想的女性身体就会受到高度审视。然而，媒体中描绘的理想身体（真实和想象的）经常变化且各有不同，因此，获得理想的女性身体简直是难上加难。到1962年，硅胶乳房植入通过审批可以用于美容手术；1982年，美国进行首例吸脂手术；1996年，整形外科医生开始将肉毒杆菌用于其说明书所列功能以外的美容领域。为了符合大众市场的审美标准，女性自愿对身体进行外科手术改造，特别是在20世纪90年代流行起来的人造乳房美学，也许是最能代表20世纪女性形体商业化的顶峰之举。人造的女性身体常常失去了生物功能，但却吸引着男性的目光。

＊＊＊

1989年，金伯蕾·克伦肖（Kimberlé Crenshaw）将"交叉性"一词引入女权主义文学。克伦肖生动地阐释了一些人群（例如，黑人、女性和贫困群体）经历的多重负担如何通过片面分析（single-axis modes）模式（"通过将调查局限在群体中拥有特权地位成员的经历"）变得消弭无形。例如，性别歧视案件关注的是种族或阶级特权者的经历，而种族歧视案件关注的是性别或阶级特权者的经历。在21世纪的前十几年里，交叉性进入了大众话语，人们越来越意识到，不同的压迫模式相互交错，使某些群体在社会环境中处于更加弱势的地位。

***

安纳莉丝·莫里斯：作为随身器物的考古学家，考古学中的身体穿戴器物

一直以来，我都迷恋于挖掘工作带来的感官体验，也就是我有时向学生描述的"触摸历史"。我的考古生涯大部分在社区考古中度过，而且是在我自己生活的社区；我发现拿着自己祖先曾经拿过的东西，这是一种不可替代的、令人感动的纪念行为。触摸他们曾经触摸的东西，发现我们手握同样的秘密，这是一种历史性的、值得纪念的祈祷。

我觉得这个过程意义非凡，可能是因为我来自一个特殊的种族，我们的历史常常被单独书写或是一笔带过。我们的躯体被标记、被当作商品售卖、被喜爱或偷盗，不过只有见识浅薄、自私自利的资本主义才会觊觎我们的躯体，盗窃我们的人生。

以一个黑人女性的身体穿梭于这个世界，就能亲身了解白人至上主义父权制客体化凝视（the objectifying gazes）产生的交叉和各种矛盾。我的父亲是"黑人"，母亲是"白人"（这里我用引号来强调这些分类的建构），而我作为一个界限不明的棕色人种来到这个世界。相对的湿度和暴露在阳光下的时长会适当地改变我的外表（就像人类一样）。然而，有着这样一副躯壳，浅棕的肤色，卷曲的头发，我可以洞察到别人对我的猜想，他们想象或假定我是黑人或棕色人种。我经常被问到这样的问题："你是哪里人？"当我回答"南伊利诺伊州"时，对方总是会接着说："不是，你的祖籍是……你父母是哪里人？"有些人稍微礼貌一点地问："你的家庭背景如何？"

不太礼貌的会说："哦，你太像外国人了！"仿佛在自己的祖国被称为"外国人"是一种恭维，而不是对我家族200多年历史的亵渎。仿佛不是他们自己孤陋寡闻，不知道什么是"美国人"，谁是"美国人"。

当然，这些对话与我无关，从来都是。我一直如此，没有什么变化。相反，变化的是每个人对黑人和棕色人种身体的想象：他们是什么，他们是谁，他们被允许成为谁，他们可以到哪儿去。

这让我想到了我最喜欢的手工艺品，它让我感受到触摸的力量、记忆的力量和族裔的力量。我之前提过，我花了几年时间挖掘我的族裔在伊利诺伊州东南部的家族故居——19世纪初创立的家族私营农场。2013年7月，我们决定开始研究家族故居的物质历史。（既是学界研究也是情感追忆）

"故居"还在，于是我决定创造性地进行挖掘，目标是故居下面的地窖。那年夏天酷暑难耐，所以，尽管地窖窄小逼仄，但对挖掘工作来说，漆黑凉爽的地窖倒是个绝好的去处。从考古学的角度来看，地窖挖掘有点儿像一场赌博：地窖已经被人清理，也被水淹没了这么多年，我不确定是否能有收获。我们在地下寻宝，找到的是一些记录点滴生活的杂物，它们从老宅地板缝中遗落或从门廊上遗失，最后淡出人们的记忆。有老旧的珠宝、散落的弹珠、丢失的纽扣，还有许多家居生活中被人遗忘的小物件。

就在这里，我们找到了我最喜欢的一件手工艺品（图7-2）。说实话，每个考古学家都有一件这样的手工艺品，而我的是一把小叉子，大约2英寸长，由白色金属制成。乍一看，这个小叉子也许并不起眼。但如果你仔细观察，会发现它根本不是用来吃饭的。更确

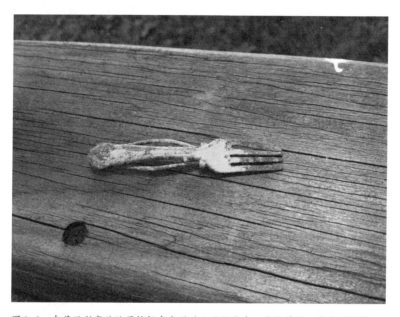

图7-2　在莫里斯家族故居挖掘中发现的叉子状发夹。安纳莉丝·莫里斯供图

切地说，它是一个发夹，也许可以追溯到19世纪末或20世纪初，也许是家里的某位女士佩戴的。

看吧，历史从来没有告诉我们黑人可以拥有这样的银器；相反，历史告诉我们，黑人要为别人擦拭银器。历史告诉我们要养育别人的孩子，耕种别人的土地。事实上，要是银器丢了，人们第一个拿我们兴师问罪。这也是为什么这么一把小叉子能直击我的心灵，一想到一位黑人女性曾经把这枚银饰放在众多头饰之中时，我就开始重新思考那个最重要的问题，我们到底是谁？这件银饰华丽地、釜底抽薪般地颠覆了所有的传统观念——以前我们只能在别人眼里，在别人的故事里找寻自己的影子。我们的故事讲述的不是别人的银器。对尸体贴身物品的考古可以涉及很多东西；对于像我这样的人来说，它们有时可能就是关于我们自己器物的故事，这些器物被我们的双手触摸过，存在于我们生活的土地之上。这就是我们的历史。按照我们的方式进行的尸体考古，如果我们愿意洗耳恭听的话，这些尸体可以告诉我们它们的身份，从而揭示有关我们祖先的真实生活。

结论

本章的作者从别样视角讲述了在20世纪和21世纪，弱势性别、有色人种、残疾人士和工人群体在大千世界中扮演的角色。最近，加丝比·普尔（Jasbir Puar）研究了主权国家如何将战争领域中的"致残权"发扬光大，用在了平民百姓身上，对其进行管控，作为一种政治和经济上致残行为的特殊方式。本章涉及的短文试图探索这些行为不同的体验方式。每篇短文都从不同的主体立场出发，但每位作者都尽量避免忽略特殊人群进行片面分析。

这些短文讨论了与随身器物相关的无生命器物（建筑与手工艺品、头发饰品、工作服、医院、文件和陈述），我们以20世纪和21世纪的服装来结束本章的讨论。到了20世纪初，成品服装在西方普及。无论是在百货公司还是在商品目录中，消费者都可以根据时尚变化选择标准尺码的服装。伊拉希（Elahi）认为，从家纺粗布到成品服装的转变代表了民族心理的转变，这在文学传统领域最为明显。时尚成为一种日益重要的（经济上可获得的）自我表达和群体表达的手段。以特殊方式重新组合时尚风格，为跨越阶级、种族、性别和民族边界的创造性自我表达和同化提供了途径。最后，我们将用两个例子来总结本章的几个主题：罢工女性的服装，佐特套装（zoot suit）在20世纪中期青年文化中的地位。

在研究1909年纽约衬衫厂罢工和20世纪20年代和30年代美国南方纺织业罢工中参与罢工的女性的服装时，迪尔德丽·克莱门特（Deirdre Clemente）指出，女性通过穿着得体的正装，证明她们有能力适应更广阔的平台，她们自尊自立，知书达理。对于在纽约衬衫厂工作的移民女性来说，身着正装能够让她们和受过大学教育的中产阶级知识女性并肩作战，完美融合。警察无法分辨这两个不同的阶级群体，这保护了所有的女性，使她们免于被捕的命运（因为逮捕女大学生会引起纽约精英阶层的不满）。甚至在后来的罢工中，选择穿工作服戴帽子的女性也会用优雅端庄的衣领和珠宝来装饰自己的衣服。女性傲睨万物般地在服饰中添加性别和阶级色彩，以她们独特的方式在劳资纠纷中画上浓墨重彩的一笔。

佐特套装就是高腰、宽腿裤、窄脚口、长上衣、大翻领、宽垫肩，这种服装在20世纪30年代的美国风靡一时，但在1943年沉礁

（Sleepy Lagoon）谋杀案和"佐特暴乱"之后就声名狼藉了。这种风格通常以色彩明亮的面料为特征，受众大多是美国黑人、拉美族裔、菲律宾族裔，或多或少还有日本族裔。1942年，战时生产委员会颁布了服装标准，目的是在战时保护布料商店，实际上就是"禁止"人们穿着这种服装。在洛杉矶和纽约，裁缝们却在制作"盗版"的佐特套装，而人们也仍然穿着佐特套装。在墨西哥裔人口最多的洛杉矶，佐特套装是帕丘卡（*Pachuca*）风格的一部分，与之搭配的还有平顶宽边帽子、厚底鞋和长链怀表。1943年，洛杉矶38号大街上9名墨西哥黑帮成员被判有罪，在一系列对抗最后升级为针对墨西哥裔美国人的暴力事件后，穿着佐特服装的人和军人之间的紧张关系变得越发司空见惯。"二战"后，加州长期形成的公民身份、公共社会空间以及爱国主义方面的紧张关系一触即发，帕干和埃斯科贝多就佐特套装的种族化如何成为这种紧张关系中的重要组成部分展开了研究。继1943年的骚乱之后，身着佐特套装就成为持不同政见的青年文化的一部分，包括从联邦俘虏收容所释放的第二代和第三代日本人。在流行艺术领域，佐特套装一直保持着与一种"暴徒"文化的联系，例如1988年发行的讲述20世纪40年代洛杉矶故事的动画和真人电影《谁陷害了兔子罗杰》中，穿着佐特套装的黄鼠狼显然就展示了帕丘卡的服装风格。

在20世纪和21世纪，服装和其他个人器物塑造和重塑了身体，成为一种简略的视觉手段，将人们分类为人类、类人类和非人类。在西方，服装在创造、挑战和颠覆界限方面有着悠久的历史。但是，如果把重点放在服装上，就会让"人靠衣装"这一错误观念更加根深蒂固。20世纪的优生学运动[1]和21世纪个人DNA分析的普及表明，在种族、性别和阶级上享有特权的人主张身份的自然性或天生属性。作为一名住在波士顿富人社区穿着得体的老年黑人，小亨利·路易斯·盖茨（Henry Louis Gates Jr.）却仍然在进入自己的家门后遭到逮捕。然而，正如塔那西斯·科茨（Ta-Nehisi Coates）所言，年轻的特雷沃恩·马丁（Trayvon Martin）在佛罗里达州遭人谋杀，凶手的行为却得到了法律的认可，许多互联网权威人士也对此判决表示支持，他们的依据是"只要穿上连帽衫就会成为暴徒"。

在20世纪和21世纪的西方，随身器物和身体佩戴的器物无可救药地纠缠不清，难分彼此。

1　20世纪初，美国在人类历史上首先发起了一场宣扬优生学的运动。受该运动影响，美国33个州先后给智障者、犯罪者等"非优生群体"实施强制性绝育手术。——译者注

第八章

器物世界

阿尔弗莱德·冈萨雷斯－鲁伊巴尔

当代世界的物质性在很多方面都意味着与以往时代的彻底决裂。物品数量的激增、日益扩大（或日益缩小）的规模、对人类和非人类生命的广泛破坏以及地球深层物质变化的深层原因是超现代的技术、材料和意识形态。同时，当代仍然是一个文化乃至本体论多元化的时代，具有很强的物质维度。在这一章中，我将重点关注自1900年以来一些发生变化的物质现象，但同时也关注仍然保持异质性的器物世界。今昔不同的多元物质组合也成为重要的比较元素，使我们能够评估超现代器物世界的性质和产生的影响。当然，我无法面面俱到地描绘20世纪和21世纪物质文化的特征，不仅因为它具有异质性和复杂性，还因为从历史、艺术、设计、人类学、建筑、文化和物质文化研究以及考古学的角度，它一直是无数学者研究的对象。作为一名考古学家，我将以考古学视角开展我的研究。这并不意味着我藐视其他学科——远非如此——这些工作是在考古议程及考古敏感性的背景下进行的。这一章旨在探讨界定当代物质性的某些现象。这本身就是一项考古工作，因为该学科传统上均以物质文化来描述阶段、层面或时期。然而，我不会对可能作为化石指南（典型的考古方式）的某些人工制品展开深入研究，尽管有些器物，如飞机、汽车、手机或电脑，确实能代表我们这个时代的典型特征。相反，我将以一种更普遍的（也更具有考古学意义的）方式来探索物质现象。因此，我将研究器物的激增，这是我们这个时代面临的焦虑之一，同时也探讨全世界大多数人口面临的贫困问题、畸形器物的出现和普遍化（基于本体论、物理学和伦理学的定义）以及新材料（具体地说，是塑料和混凝土）的性质和意义。

激增与贫困

人工制造的器物数量之众，是当代的特征之一，或许也是最显而易见的特征之一。在西方，生产、消费和丢弃的器物数量之多在历史上前所未有。最近一项关于埃塞俄比亚南部穆西（Mursi）部族物质文化的研究对该部族的所有手工制品进行了编目分类，总共有150类器物，包括一些工业制品，如金属锅和卡拉什尼科夫冲锋枪（Kalashnikovs）。这个数字可能还没有在西方厕所里可以找到的器物数量多。一个穆西人，无论男女，都能说出日常生活中每一件器物的名字，而我们却不能——就像去五金店一样。我们身边的器物数量繁多，我们给其命名的速度远不能与其生产速度相匹敌。比约纳尔·奥尔森注意到，从奥杜威峡谷（Olduvai Gorge）人类摇篮到后现代世界，人类的发展轨迹是让器物承担越来越多的工作。事实的确如此，但这不仅仅是因为我们找到了让器物为我们承担工作的方法，而且也有当前政治和经济方面的原因。新技术、新材料、大规模的工业生产、生活水平的提高和人口激增，都与资本主义的逻辑和现代性的合理性密不可分，从而导致人类历史上前所未有的物质过剩。

我们生活在一个器物饱和的世界，我们中的许多人每天都在经历这样的场景：房子里堆满了东西，许多东西我们却很少使用，随着自助存储设施的普及，我们每天必须丢弃或回收一次性的人工制品，而且往往一天要丢弃或回收多次（泡沫塑料杯、塑料包装、盒子、玻璃瓶）。垃圾填埋场的景象，理应是考古学研究的景观，却成了器物激增怪相的力证。我们不需要去垃圾填埋场来证明这个时代的物质过剩。佩拉·佩图尔斯多蒂尔描述了她考察冰岛废弃的鲱鱼工厂时那种无能为力的感觉："地板上到处都是东西，破碎的、破裂的或粉碎的。无论你转向哪里，都会碰到东西。一种神奇、兴奋和绝望的复杂情感笼罩着你：这是什么？我该拿它怎么办？我该怎么解释呢？"

在某些领域，器物并非不可或缺。正是在这样的领域，物质过剩最为明显。以儿童玩具为例，在大多数西方家庭里，孩子们最丰富的物质种类可能就是玩具（超过厨房用具、陶器、工具或电子设备），它们数量惊人，常常达数百种之多。在传统社区，除了孩子们自制的少数几件玩具之外，几乎见不到这些玩具。这种倒置与"婴儿崇拜"和将童年纳入消费主义实践有关，但也与玩具的技术含量低、塑料材质、造价低廉以及生产迅速等事实密切相关。也可以说，人们将儿童视为消费品，而玩具只是主要消费品的配件而已。然而，并非所有人工制品数量激增都可以直接归咎于资本主义经济。现代性与"自我"发展与此有很大关系。我们需要更多的器物，因为资本主义要求我们需要这些器物。鲍德里亚认为，消费是一种纯粹的理想主义实践，与满足需求或现实原则没有任何瓜葛。但我们也需要物品，因为它们的作用不可小觑，既帮助人们塑造自我，又帮助人们在众多生活选择中建立了安全感。

无论在哪个消费领域，考古学都以不同的方式证明了器物过剩和新奇物品的层出不穷。越来越多的器物被纳入地质和考古记录中，可以在空间和地层学上进行记录。器物数量激增在殖民时期尤为明显。人们提出现代性概念，在帝国时代或帝国时代之前，批量生产的器物层出不穷：在塞内加尔，过去两百年间进口的人工制品出现了"爆炸式增长"；在非洲南部和中部人们也见证了这种增长。

然而，器物过剩在战场上可谓最为明显。可以说，第一次世界大战的战场，即第一次物资战现场，实现了资本主义近乎无限生产和消费的梦想，甚至是报复性的过度生产和消费。物资战争消耗了数量惊人的器物。消费社会的特点是，我们可以用极低的价格购买无限数量的物质产品，这与在战壕中冲锋陷阵的士兵的经历并无不同，他们不断得到弹药、炮弹和食物配给——在本例中是免费的（图8-1）。此外，19世纪世界博览会做出承诺，器物"无与伦比的盈余"和"器物的极大丰富"只有在战争时期才会实现——不是以普通消费品的形式，而是以炸弹和子弹的形式。现代战争遗址的挖掘也充分验证了物资充盈和极度浪费的事实。现代战争的军事垃圾场里堆满了成吨的人工制品，其中一些仍可使用，如玻璃瓶、备件和弹药。器物激增不仅意味着人们要消耗更多器物，还意味着人们被器物消耗，这导致了人们对垃圾填埋场和废物的生态焦虑。总的来说，这种观念或多或少是隐喻性的，但在战场上，它几乎就是字面上的意思：铺天盖地袭来的

图8-1 过剩的现代性：西班牙内战垃圾场里的锡罐。阿尔弗莱德·冈萨雷斯-鲁
伊巴尔拍摄

人工制品让人血肉横飞，尸横遍野。在当前生态危机的大环境下，器物激增与大规模破坏密不可分，这一点我们心知肚明。但在1914—1918年的战场上，这种关联尤为凸显。

鉴别20世纪和21世纪考古记录中的所有人工制品实属不易，这是当代物质过剩的另一个表现。自相矛盾的是，作为一名同时研究史前和当代社会的考古学家，与识别异国他乡的远古文明相比，识别当下的物质文化对我来说却是难上加难。事实上，我无法立即对挖掘出来的20世纪西班牙工业品进行分类。因此，"垃圾项目"（Garbage Project）不得不对现代工件（如拉环）进行仔细的类型化分析，这也不足为奇。物质文化过剩对记忆产生重要的影响：生产的越多，遗忘的就越多。我们必须忘记，才能越来越放肆地消费。

然而，对于地球上的物质比以往任何时候都更丰富这一说法，我们应该慎之又慎。与其他许多现象一样，现存的器物数量因地而异。在德国或澳大利亚，一个当代普通家庭中的人工制品比千年前同一地区出土的器物还要多，这无须论证。但并非所有地区的情况都是如此。我们必须记住，资本主义也会导致贫困，所以物质积累并不是一条整齐划一的渐进线，而是有起有落，通常是特定阶级、种族和民族群体在物质匮乏背景下遭受更多的苦难。例如，在过去的100年中，非洲裔美国人失去了获取能力，因此与20世纪初相比，他们在20世纪60年代拥有的物品就要少得多。从考古学的角度来看，贫困化可以从房屋库存的减少和可用货物的再利用、回收和管理两方面得以体现。

　　我们还须牢记，自15世纪末以来，殖民主义和掠夺性资本主义的全球秩序使一些地区的贫困雪上加霜。这带来了显而易见的实质性后果。考古学证据表明，在赤道几内亚，由于殖民化进程，与20世纪和21世纪相比，19世纪的本加人拥有的器物种类繁多。在卡廷加（Caatinga，巴西东北部贫困农民居住的半干旱地区），拉斐尔·苏扎（Rafael Souza）记录了现代化带来的器物减少的过程：随着农民进入资本世界和现代世界，他们的边缘化不断加剧，他们获得工业消费品的有限机会并不能弥补传统手工制品的消失。工业产品的引入导致传统技术的丧失，传统工具停止生产，农民家庭中器物的总体数量显著下降。

　　随着传统技术的消失，物质世界遭受重创，古老的宗教用具损毁，一些工业器物取而代之。关键的问题是，人们无法获得物质上的独立：在大多数非现代社会中，人们知道如何建造住宅（与邻居合作）、制作家具和衣服以及生产食物，而这些都需要各式各样的工具。只要随便翻看一本非洲传统物质文化的专著，就足以见证随着现代化的到来，有多少器物正在消弭于无形。

物质过剩也产生了反作用。社区和个人对器物过剩的反应往往自相矛盾。因此，苏联反对资本主义消费主义；在资本主义西方，抵制运动群体，如嬉皮士和阿米什人，拒绝大规模生产的物质文化，或尽量减少物质文化消费。

怪物

最近，新物质主义和后人类中心主义的观点强调，我们必须承认自己被器物以及这些器物的相异性所困扰，并承认我们不可能掌握这些器物的核心这一事实。器物是不守规矩的他者，独立于人类的理解和控制之外。此处，我感兴趣的是作为他者的器物这一概念，而非来自底层阶级的判断（人们有时这样来描述）。我认为，如果我们想要理解当今时代以及在塑造这个时代过程中人类所扮演的角色，那么就需要搞懂物质他者概念的外延以充分容纳其消极属性。与克里斯多弗·威特莫尔一样，我发现"怪物"的概念极为有用。今天，怪物经常与不人道、令人生畏的体型、突变的本性和邪恶联系在一起。因此，它具有否定的本体论、物理属性和道德属性。我的观点是，由所有这些属性或其中一部分属性所定义的庞然大物在当代大量涌现，随处可见。这里提到的庞然大物与米歇尔·赛瑞斯所定义的"世界器物"有相似之处："至少有一个全球规模维度的人工制品（如时间、空间、速度或能量）。"在赛瑞斯看来，卫星、核废料、互联网或核弹都是世界器物。怪物的概念也与蒂莫西·莫顿（Timothy

Morton）提出的超器物（hyperobjects）概念相重叠，后者在空间和时间方面远远超过人类生命体。然而，莫顿的超器物概念包含了一些不属于人工制品的东西，例如量子、水或行星，因此缺乏道德属性，而道德属性是我对怪物定义的必要条件。接下来，我将对超现代怪物的本体论和道德维度进行简要说明。

本体论

蒂莫西·莫顿对超器物的本体论进行了详细的探讨，我参考了他的观点。我想简述其中两点，这两点定义了超现代性的怪异物体本体论：时间性和混合性。莫顿认为超器物的特点是极大地超越了人类的时间性。可以说，前工业化技术生产出的东西几乎都是永恒的：陶器，甚至石器，在很大程度上旷日经年，永存不灭。现在流行的超现代的新材料（塑料、铝或钢）无一具有燧石的耐久特性。与其他时代的人工制品相比，超现代器物之所以与众不同，与其说是因为它们的恒久特性，还不如说是因为它们所产生的影响持久存在。这一点在两个超现代的怪物上表现得尤为明显：烈性炸药和核废料。它们不一定比陶器等前现代技术更持久，但与陶器不同的是，它们保持活性的时间远远超过人类的寿命。因此，作为现代战场的荒废之地与过去的战场有着本质的区别。前者所遗留的废物仍然是致命的。正如桑德斯所言，"'一战'的炮弹似乎拥有一种无限的能力，来体现孕育它们的战争"。据说，在西线[1]大约有4亿枚仍然能够爆炸的炮弹。仅在凡尔登

1　即第一次世界大战的西线战场，从北海延伸到瑞士边境，全长700公里。——编者注

一地，一天就发射了100万枚炮弹，据说每4枚中就有1枚炮弹尚未引爆。第二次世界大战再次孳生了这种危险的废弃物品。在意大利，美国陆军航空队（USAAF）投下的多达10万枚未爆炸的炸弹可能仍掩埋在地下。至于核废料，放射性污染物在其同位素寿命结束前仍可以保持数千年的活性（以钚239为例，其半衰期可达24100年）。难怪人们会求助考古学家，希望他们能够提供标记核废场的良方。

混合性是在本体论层面上定义超现代怪物的另一个要素。混合体通常被认为打破了现代主义的二元论，这种二元论对人、动物和植物的生命产生了诸多负面影响。尤其是半机械人赛博格，已经被视为超现代性的缩影。它们彻底模糊了人类、类人类和非人类之间的界限。我尤为关注当代混合体的负面影响。20世纪初，技术发展造就了一些有问题的混合体，问题在于它们挑战了普遍的本体论假设。18世纪和19世纪不断强化的差异和二元论观念，眨眼之间就成为泡影。超现代性的新能量和新物质催生了各种意想不到的混合体。以玻璃石（trinitite）为例，这是1945年7月16日三一核弹试验后出现的一种新矿物，它是由原子弹爆炸融化的沙子产生的；又或是盟军轰炸德国时那些魂飞魄散的人类以及非人类物质的混合体：尸体和个人物品与沥青熔化交融；或者是世贸中心被炸毁后充斥在纽约人肺里的灰烬和建筑碎片。现代性历经几百年，企图让人类与非人类、自然与文化、人与物泾渭分明，如今它们却又以一种令人毛骨悚然的方式混为一体。

第一次世界大战为巨型混合体的激增提供了首秀场地。在冲突期间，人和景观都变成了怪物（物质上和道德上），而战壕也许是最能代表超现代的怪异混合物质的元素。战壕是当代物质属性的典范，原因如下。首先与半机械人赛博格的概念直接相关。战壕战需要一种与17世纪末的士兵截然不同的新型战士。随着第一次世界大战的推进，许多中世纪武器重现战场：大锤、棍棒、长矛、头盔和铁甲。这场成为军事技术转折点的战争动用了古老的兵器，在某种意义上，这是对超现代性即将产生的自相矛盾的时间性和本体论混杂在一起的警告。头戴防毒面具和钢盔、手持大锤和手榴弹的"一战"士兵是一个可怕的蒸汽朋克时代的标志，它挑战了进步的理念。这个赛博格士兵告诫我们：即将到来的世界将是异质的、矛盾的、陈旧古板的和超现代的。

如果说士兵是黑暗的混合体，那么他浴血奋战的战壕也是如此。这是对19世纪资产阶级世界的一次彻底颠覆。战壕既是居所，又是坟墓；这是一种极其原始的结构，有点儿像史前的土方工程，也是应对超现代大规模的破坏唯一有效的防御手段；这是一个公共空间，众目睽睽之下，最隐私的行为（包括排泄和死亡）也变得司空见惯；在这里，人如草芥，人鼠同眠；这里垃圾和物体（防御工事的和考古的）混杂，难分彼此。在战壕里，身体的极限不断被践踏：泥土糊住了身体的孔洞，肉体被子弹打穿、被寄生虫啃噬，弹片嵌入血肉和骨头，脚被泥水浸泡腐烂。这个人类混合体形象可能在支离破碎的赛博格身上表现得淋漓尽致，令人唏嘘。他们在战火中血肉横飞，容颜尽毁，面目狰狞，只能接受外科整容，安装假肢，甚至戴上整张面具。搪瓷磷青铜和锡代替了肌肉和软骨。如同科幻小说中的赛博格，人造假面等器物使伤者无法传达情感。比起身体残缺，面具更容易使人丧失人性。

道德属性

矛盾的是，在邪恶的事物比以往任何时候更加泛滥的同时，学者们似乎对一般的事物保持了不可知论立场——因为它们超越了人性，不能用人类的伦理道德进行判断：本质上来讲，它们无关紧要。我完全同意比约纳尔·奥尔森的观点，即人们与"器物、动物和其他物种的联系绝非微不足道（这个词有贬义色彩），这种联系代表着了解、关心、依恋和对器物本身的尊重"。我通过自己在非现代社会生活的经历，与这个观点产生了共鸣。问题是，超现代的超器物在另一个层面上发挥了作用。它们在本体论和道德属性上的怪异性使它们无法与大多数非现代器物——奥尔森经常提及的驯鹿、斧头或船——在同一框架内被评价。因此，曾在对称考古学或新唯物主义考古学的一些重要文献中提到的器物，如农场、石墙或废弃的鲱鱼工厂，几乎都不会被视为怪物。对于人类来说，它们或多或少都很难处理，但从本体论或伦理学的角度来看，它们并不可怕，也不是怪物。最近克里斯多弗·威特莫尔将注意力转向了怪物和物质过剩，不再像之前那样仅仅关注正面器物，但是我们注意到没有人提及集束炸弹、甲基苯丙胺或石棉。

我发现在道德层面上区分器物的类别非常重要。当然，并非所有的现代器物都可怕，远非如此。但也不是所有的器物都是没有恶意的。正如伊恩·博格斯特的著名论断所言，所有器物都同样存在，但它们并非平等存在。这千真万确，但这个断言应该不只有本体论的含义。恶性疟原虫和M-249机枪的本体论意义极其相似：用海德格尔的术语来说，两者都是非人类的存在，有着坚不可摧的力量，都会给人类身体造成巨大痛苦，从而导致死亡。然而，在道德层面上，它们的意义却大相径庭。机枪的他者性使其在道德层面上意味着可怕的怪物，而恶性疟原虫只是一种引起疟疾的寄生虫，本身缺乏这种道德层面的含义，即使它们都同样致命，都会给人类带来完全无法控制的影响（无论是疾病的传播还是枪支被非法者使用，如恐怖分子、军阀和毒品贩子等）。M-249机枪之所以受到道德评判，是因为它由人类设计、生产和使用。这种道德评判可以延伸到那些在使用或处理后仍然对生物产生负面影响的物品（武器或污染剂的残留物）。然而，我所说的将器物置于道德评判之下，并不是指可以评判器物本身，而是指评判那些对器物的产生和使用负有责任的人类。很多后人类中心主义对器物的讨论，将那些依赖于人类的生物和其他独立于人类的生物混为一谈，而我发现，这在伦理层面上是危险的。我所指的怪物是人类干预的结果，因此要承担道德评判的责任。

一些从本体论角度用来描述事物的能动性、自主性和所造成影响的形容词也可以用来描述其道德维度。因此，人们常常认为，器物在本质论上具有附着性：水或二氧化碳就是很好的例子，但那些无法消失的器物也是如此——废墟和另一个时代的痕迹。我们无法轻易摆脱它们，它们包裹着我们，进入我们的身体，作为物质记忆沉淀下来，无法撼动。所有这些都千真万确。但也有可能出现其他形式的附着性，这种附着性与道德上的怪物有关。想想凝固汽油、白磷或芥子气。它们肯定比水、废墟或照片更具附着性。它们不是脱离人类命运的自发怪物，而是人类设计的怪物，能够穿透人类皮肤并灼伤人类的内脏。它们会留下永久伤疤，不仅会伤害身体，也会伤害人的自尊。它们产生了最糟糕的物质记忆。即使是像常规炮弹这种争议较小的武器，也会产生数以百计的碎片或散落的弹片，会炸裂人的鼻子、眼睛、肉体和骨骼。他们让肉体支离破碎（*eg-ueules cassées*），由一个可怕的器物造就出一个个怪物。即使在战后的科学文献中，"怪物"和"非人"这两个词也很常见，身体残缺的人被比作妖怪。支离破碎是具有附着性的物质记忆，1918年后，它们拒绝消失，并且使战争永存世间。

材料

当代一系列新材料得以发明和普及，在很多情况下，这些材料取代某些已经使用了几十万年的材料。在制造便携式器物的过程中，石头、黏土和天然树脂已经被塑料和合金取而代之，而在世界各地，砖、钢和混凝土代替了木材、石头和泥土。新材料已经融入我们日常生活的方方面面，在此我们无法一一赘述，也不可能描述它们对我们和这个世界所产生的巨大影响。这一节中我只关注两种定义了超现代时代的新材料——塑料和混凝土。它们可以分别作为便携式工艺品和建筑材料革命的代表。

塑料

塑料也许是与这个时代最密切相关的材料。有些人提议将我们的时代称为塑料时代，塑料已经被当作人类世时代开始的考古学标志。盖埃尔（Geyer）等计算出，迄今为止人类已经生产了83亿吨的原生塑料，这些塑料又产生了63亿吨的塑料垃圾，其中仅有一小部分（21%）被回收或焚烧。尽管有这些数据，考古学家却很少对塑料进行深入研究。这可能是因为合成聚合物完全是新生事物，与我们习惯使用的任何其他材料都大相径庭。从某种意义上说，塑料，尤其是商品塑料，是一种反考古学的器物：它表明作为研究旧器物的学者，考古学家的任务已经结束。其他现代材料，如铝或混凝土，可以以某种方式嫁接到史前的系谱上 [青铜时代的金属合金，罗马人建筑用的混凝土（*opus caementicium*）]，但与塑料有着本体论上的区别。然而，我们必须承认，自 19 世纪 60 年代发明硝化纤维以来，塑料就已经存在了。1907 年电木问世后，合成聚合物得到了更广泛的应用，但直到 20 世纪 40 年代和 50 年代，塑料才大量涌入市场，并开始大规模取代其他材料。

罗兰·巴特（Roland Barthes）和让·鲍德里亚（Jean Baudrillard）都从符号学的角度对这种现代材料进行批判，但这种批判主要涉及材料的特性：质地、延展性、颜色。他们的批判符合丹尼尔·米勒所批判的"原始主义"逻辑，但作为一名受过史前考古学训练的考古学家，我不认为"原始主义"有问题或是一种侮辱，也不认为"现代主义"（与原始主义相对）值得褒扬。首先，塑料的激增与材料的自给自足和工艺知识的消失是同步的。民族考古学家注意到陶器、篮子和蔬菜容器逐渐消失，它们被塑料容器所取代：例如，巴西土著阿苏里尼（Asurini）部落大量引进塑料罐子、盘子、杯子、碗、保温瓶和铝锅来取代陶器，而他们只为游客制造陶器。其他材料，如黏土、玻璃和金属，可以由工匠使用传统方法制造，但合成聚合物只能在工业条件下生产。某种形式的塑料可以被创造性地挪作其他用途（比如珠子），但是，总的来说 20 世纪塑料制品的普及意味着制造商和消费者之间出现了巨大的鸿沟，而这种鸿沟在 1900 年之前并不明显，当时一部分材料仍在国内生产或者在资本主义世界的许多地区以手工方式制作。这也许并不是坏事，但也不是没有造成不良后果：毕竟至少在过去250年里，制造器物是定义人类的标准。对许多人来说，有史以来第一次，他们不再是工具的制造者，塑料完美地诠释了工艺技术逐渐消亡的事实。

工艺技术的消亡也使得现代性所特有的遗忘状态更加恶化。塑料确实是一种遗忘性的材料，至少有四个原因：因为它的物质属性没有经过时间的磨砺；因为它的短暂性和一次性，使它难以留下长久的记忆；因为作为纯粹的人工合成物，我们忽略了它的生产条件，而无法由我们自己手工制造；因为它让我们忘记了如何用其他材料（木材、金属、植物纤维）来制造器物，它已经取代了这些材料。塑料直接与沃尔特·本杰明所哀叹的"经验匮乏"有关，这影响了我们制造和感受的能力。继莱因哈特·科泽勒克（Reinhardt Koselleck）之后，拉斐尔·米兰·帕斯卡（Rafael Millan Pascual）将"经验"概念的变化与我们生产器物的能力联系起来。科泽勒克指出，"经验"一词最初具有积极的内涵，它意味着调查和检验。随着现代性的到来，这个词有了更多被动的含义：体验即感知。塑料就是这种经验匮乏的审美经济中一个很好的例子，在这里，经验等同于消费，你可以如你所愿进行创造，但不是积极制造或研究材料。

塑料具有某种特殊的材料性质，使其有别于前工业化材料。因此，巴特强调它的同质性、平面性和卫生性，中和了触摸这种材料的愉悦感、柔软性和人性。鲍德里亚则认为，它的完美统一性提供了必要的"线条闭合性"，以迎合现代主义者功能主义[1]的观点。鲍

---

1 功能主义就是要在设计中注重产品的功能性与实用性，即任何设计都必须保障产品功能及其用途的充分体现，其次才是产品的审美感觉。简言之，功能主义就是功能至上。——译者注

德里亚认为，塑料和其他现代材料掩盖了在前工业化技术中根深蒂固的操作过程。考古学家可以提供大量人类制造物品的证据，这些证据就是劳动、精心打磨和与物质接触的指标，即可以在手工制作的罐子上看到工匠的手（手指尖）的痕迹，而一把石斧需要制造者花费几十个小时进行抛光。相反，塑料只能提供其使用的证据。

塑料的瞬时性是其定义性特征之一。这是由于它容易老化且不透水的表面没有氧化层的保护：颜色只是褪色，而聚合物实际上与环境没有太多的相互作用（而铁或木材会因腐蚀或腐烂而褪去光泽）。塑料也完美地契合了超现代加速发展的时代，一方面是因为它在很大程度上存在时间瞬时性，另一方面是因为塑料的生产速度非常快。而瞬时性又与现时论（presentism）直接关联：塑料的一次性特征意味着完全可以无视未来。对塑料而言，就像现时论一样，现在就是唯一的时间。

合成聚合物的另一个特点是其艳丽的色调：罗兰·巴特感叹塑料的化学色彩粗俗且咄咄逼人，这使它们极其显眼：它们"随处可见"。可以说，前工业时期的考古材料也随处可见。然而，它们与地貌景观融为一体，与地质现象（如崩积层）几无二致。相反，塑料是超可见的。在那些没有适当处理垃圾的地方尤其如此，比如许多非洲国家。塑料制品的可见性也会带来政治后果。传统社会大量采用工业生产的器物，这已经从根本上改变了物质环境：塑料布取代了茅草或垫子，五颜六色的合成容器取代了葫芦和花盆。这让传统社会失去了一些文化上的独特性，同时又使它们更接近于西方的边缘化社区（图8-2）。如果认为这仅仅是一个美学问题，那就错了。在东南亚或非洲撒哈拉沙漠以南地区，村庄和贫民窟看起来越来越

图8-2 埃塞俄比亚农村地区的超现代垃圾：塑料瓶、塑料管、桶、简易罐和轮胎。阿尔弗莱德·冈萨雷斯－鲁伊巴尔拍摄

雷同，这意味着人们可以用类似的方式处理它们：自20世纪40年代末就存在的"原住民"、"农民"和"穷人"这些术语可以混为一谈，这种念头在上述地区看起来相似的时候尤为强烈。如此一来，村庄和贫民窟都成了贫穷的化身，必须通过具体形式的"发展"和"改善"予以解决。一定程度上讲，这种改善是通过在这些社区投入使用更多的塑料制品加以实现的（在非洲每个村庄都可以看到带有美国国际开发署标志的塑料布），而这又加深了他们贫穷的烙印。塑料制品也是一种致贫工具，因为它"看起来不真实"，从而阻止了土著居民的商品化（这是资本主义世界土著居民的潜在收入来源）。

在描述冰岛艾德斯布克塔（Eidsbukta）海滩漂移物的作品中，佩拉·佩图尔斯多蒂尔也提到了颜色问题。她注意到"灰色的海滩卵石、海水冲刷后泛白的浮木和海藻"与"火红的橙色和黄色、明亮的绿色和蓝色的外来物"之间的强烈反差……这些外来物引人注目，它们是入侵者，是污染物，是破坏环境的东西。然而，她拒绝以此来看待它们，争辩说这就是海滩应有的模样。海湾的生态一直是漂移的、聚集的和形成性的，从未区分过材料或颜色。塑料堆积让我们意识到，人类和非人类器物的漂移是人类世的本质，也许是所有生命的本质。但作为一种物理现象，漂移现象一直存在，而塑料却并非一直存在。在其数百万年的历史中，艾德斯布克塔从未有过成吨类似合成聚合物的东西，这些聚合物给海洋哺乳动物、鱼类和鸟类带来了诸多负面影响，因为它们会导致动物窒息和相互缠绕，并影响它们的消化。塑料并非普通平常的东西，也不是可以忽略其破坏性影响而专注于其美学或哲学意义的东西。

塑料的永恒特质显而易见，但更为明显的是其超现代性的过剩现象。伊恩·霍德（Ian hoder）指出，人类历史交错纵横，由此，自然界之中的万千器物都成了人工制品。这一点在聚合物成为每个生物及非生物不可分割的部分方面尤为明显：海洋、河流和海滩上遍布塑料垃圾；水和土壤中充斥着塑料颗粒；微纤维进入动物和人类的消化系统；人们用塑料标签标记野生和家养动植物，以进行跟踪和量化。这也许是人类世最清晰的考古学特征，表明人类世确实阐明了人类活动是如何逐渐侵害地球上的所有生命和物质的。

混凝土

混凝土之于基础设施，就像塑料之于便携器物，是现代性的缩影。混凝土的历史更为悠久，可以追溯到罗马时代，但是现代硅酸盐水泥和硝化纤维素一样，大约起源于19世纪中期，并在19世纪最后几十年开始大规模生产。同塑料一样，其产量在第二次世界大战后迅速增长。

混凝土一直没有受到考古学家的关注（这一点也和塑料一样），很少有人对这种材料展开深入或具体的研究。尽管当代考古学家研究的大多数建筑都是混凝土结构，尤其是军事建筑，但情况并不尽然。一项对英国当代景观的考古评估清楚地表明，如果没有这些现代材料，我们就无法理解当代景观。人们似乎对工业水泥早已司空见惯，然而它已经成为地理学家、艺术历史学家和建筑历史学家的研究对象，其中阿德里安·福蒂的杰出著作最具代表性。我不打算概述这一话题的现状，而是从考古学的角度指出一些人们可能感兴趣的主题。因此，与福蒂倍感兴趣的"形而上学"不同，我将深入研究混凝土的物理特性，尤其是这些物理特性对政治、社会和文化产生的影响。

然而，将物理特性与形而上学分离开来极其困难，因为混凝土与现代性的概念紧密相关。事实上，人们已经证明混凝土是一种对所有现代主义制度极具吸引力的材料。首先，它打破了传统材料的常规，如砖、木头和茅草。硅酸盐水泥可能看起来粗糙原始，一些建筑师抱怨说它只是一种升级版的泥浆，但事实上无论此种材料的制作和建筑过程有多么传统，混凝土建筑通常看起来与之前的建筑结构迥然不同。打破传统常规的材料对于那些寻求与过去彻底决裂的意识形态更具有吸引力，比如勒·柯布西耶之后更普遍的现代主义建筑，以及拒绝延续前现代的历史，希望拥抱"进步"的传统社区。在苏联，木材是东斯拉夫本地人住房和物质文化的主要材料，象征着古老的生活方式，只要有可能，它就会被混凝土和钢筋所取代。对现代主义制度来说，另一个具有吸引力的特点是材料与工程的关联。混凝土与所有现代基础设施关系密切：工厂、巨大的桥梁、高速公路和大坝。它与房屋紧密关联，让它成为勒·柯布西耶所梦想（也是大多数人恐惧的）

的东西：生活机器。此外，与石头不同的是，混凝土具有可塑性：它可以被塑造成模型。这完全符合社会工程师的愿望，他们想要塑造主题，就像他们塑造房屋、城镇或景观一样容易。最后，混凝土作品往往有一个巨大的同质特征，痴迷于这些特征的统治者对此如痴如醉。

和其他现代材料一样，混凝土一直备受文化评论家的负面批评，这不足为奇。其中一种主要的批评声音是混凝土不能腐烂消解。因此，安德烈亚斯·胡伊森（Andreas Huyssen）写道："混凝土、钢铁和玻璃建筑材料不像石头那样容易受到侵蚀而腐烂。现代主义建筑拒绝文化回归自然。"奥尔森和佩图尔斯多蒂尔还指出，铁、玻璃和混凝土使现代废墟无法实现其美学功能，因为它们不能优雅地腐烂消解。然而，混凝土经过风化后会发生氧化。我有机会对赤道几内亚的混凝土建筑废墟开展研究，那些建筑（可以追溯到19世纪80年代到20世纪20年代）已经老化并与自然融合，其融合方式与吴哥窟的寺庙或玛雅低地的金字塔没有什么不同。事实上，任何关于混凝土材料质量的争论都应该认真考虑材料的不同类型：南欧农民用来修理羊圈的手工水泥和摩天大楼结构中使用的钢筋混凝土并不是同一种材料。预应力混凝土、玻璃混凝土和加气混凝土材料性质不同，功能也不同。这些并不是微不足道的细节。一座混凝土建筑可能在几十年内看起来就像一座闪闪发光的现代性纪念碑，也可能迅速老化，即使在正常使用下也会土崩瓦解。因此，优雅的钢筋混凝土机场可能会支持霸权主义的全球现代性观点，而风化的现代主义立方体式的社区住房项目可能会使社会刻板印象和边缘性不断固化。

有一个特殊的维度使混凝土具有超现代性：矛盾的瞬时性。所谓混凝土的存在时间是短暂的，尤其是与石头相比。许多有关"二战"防御工事的描述都注意到了混凝土的脆弱特性。它们很容易受到自然因素的侵蚀和人为力量的破坏。此外，混凝土往往不会作为一种纯粹的材料，而是作为混合的、往往是巨大的结构的一部分，与木头、金属片、石头甚至布料以奇怪的方式混合在一起，就像20世纪上半叶的许多军事建筑一样。这使得它们特别容易老化。考古学关注景观和物质性以及环境保护，它提供了一个特别有说服力的观点，即水泥结构出人意料的短寿和脆弱，从而削弱了流行的进步观念。与此同时，混凝土非常耐用，或者说几乎坚不可摧。维克多·布克利（Victor Buchli）讨论了防空塔（*Flaktürmer*）的命运，这是一个纳粹德国建造的防空建筑，它结构坚固，以至于部分结构在战后无法被拆除。在实践中，其娱乐和艺术功用巧妙地削弱了它坚硬的物质性而非其物理属性。事实上，正如布克利所言，由于结构本身具有不可移动性和不可渗透性，它们已经成为一种超时空的"准自然"形式。

然而，决定这种材料超现代特性的不是其短暂性或持久性，而是速度。混凝土可以使用预制组件快速建造，这些预制组件可以在工厂生产，然后在数百或数千千米外的现场组装。这种材料让建筑兼具相互矛盾的特质，沉重、耐用，灵活、柔韧。这种矛盾统一性成就了硅酸盐水泥走红的辉煌。在第一次世界大战期间，为了应对连天炮火，混凝土结构发展壮大：面对顷刻间就被炮火毁于一旦的建筑，迎接它的是更多的建筑拔地而起。硅酸盐水泥在1915年开始使用，并在德国人发明预制砌块之后得以迅速发展。战争爆发以前，预制混凝土已应用于殖民地：我和我的团队在赤道几内亚记录的19世纪80年代到20世纪10年代的贸易站就是用这种材料建造的。在欧洲制造混凝土墙，然后在中非组装（图8-3）。自19世纪末以来，每当需要在危急情况下进

图8-3 一座建于19世纪和20世纪之交,位于赤道几内亚科里斯科岛上,由预制混凝土建造而成的房屋。阿尔弗莱德·冈萨雷斯-鲁伊巴尔拍摄

行快速施工时,人们就会使用预制混凝土。例如,1962年在古巴建造的导弹机库的混凝土组件就是从苏联一路运到古巴的。

尽管混凝土具有现代工业化特征,但它比塑料更适合使用。首先,钢筋混凝土很容易回收利用:从军事建筑中回收钢筋是一个普遍现象,而预制混凝土可以拆卸下来并重新用于与原来功能无关的建筑中,正如在古巴看到的苏联机库那样。水泥也可以作为一种建筑技术来使用。使用钢筋混凝土进行建筑操作简单,使用者不必熟知其化学和物理性能便可驾轻就熟,因此钢筋混凝土也成为当地和民间"建筑师"的座上客。然而,混凝土的民间应用并不总是为了挑战现代性,也不是民间传统的另类延续。即使把它作为一种自然材料,并按照工业化前的程序加以使用,在多数情况下对它的应用也无异于接受现代性的霸权价值观，接受了进步、卫生和尚美的观点。

然而，即使是工业化生产，由建筑师和工程师铺设的混凝土也可以以多种方式加以使用。20世纪和21世纪的碉堡、掩体和其他军事防御工事和营房经常用涂鸦、铭文、浮雕和绘画进行装饰，而且不一定出于颠覆传统的意图。恰恰相反，普通士兵或平民对混凝土的使用可以是为了增强霸权的政治价值观或团队精神，出于娱乐或审美的原因，或者是为了实现自我价值。混凝土的可塑性让非专业的草根变身能工巧匠，创作出货真价实的艺术品。铸造（建模、雕刻或用石头或玻璃镶嵌）和凝固时均可随时修改完善。混凝土表面很容易被涂鸦和街头艺术所粉饰，而在砖石表面着色就没那么容易，所以艺术家和活动家都对其弃之不用。因此，虽然混凝土是当代压迫性权力的象征，但它也是代表争权逐利行为的建筑材料。隐藏在混凝土现代性表面之下的单一性和一致性，成为了质疑其泛用的又一有力的呈堂证供。

结论

越来越多的人意识到，我们生活在独一无二的历史时期，在这个时期，万物肆意滋长，威胁着地球上的生命。这种日益增长的意识，除了其他原因外，还源于自然科学家即地质学家和生物学家的工作。他们定义了人类世时代。一如往常，考古学家在这场辩论中姗姗来迟。这是一种耻辱，因为考古学科涉猎广泛，遍及各行各业，本可提供很多素材。然而，在相当长的一段时间内，考古学家加入人类学家的行列，低估并用相对论术语描述了现代性对世界的影响。一直是自然科学家们在高声疾呼，呼吁人们关注过去一两百年左右的器物，它们风起云涌，却是昙花一现。他们还强调了这种物质过剩对环境造成的不良影响，有时这种影响不可逆转。地质学家研究的材料包括塑料和混凝土，这也应该是当代或历史考古学家关注的问题。本章阐述了在考古学视域下构建的关于当代的定义，定义的基础是物质性。这个定义不依赖于人类世框架，但可以（也应该）与之对话。人类世的定义至关重要，但不足以说明过去100年来出现在我们星球上的复杂异质的器物世界。描绘这样的器物世界而不是任何地质时代，应该是当前考古学界的首要任务。

作者简介

斯蒂西·L.坎普（Stacey L. Camp），美国密歇根州立大学人类学副教授、校园考古项目主任。

蒂莫西·卡罗尔（Timothy Carroll），英国伦敦大学学院高级研究员。

约翰·M.切诺韦思（John M. Chenoweth），美国密歇根大学迪尔本分校人类学副教授。

卡特丽娜·C.L.埃希纳（Katrina C. L. Eichner,），美国爱德华大学人类学助理教授。

凯丽·方（Kelly Fong），美国加州大学洛杉矶分校，亚裔美国人研究讲师。

阿尔弗莱德·冈萨雷斯－鲁伊巴尔（Alfredo González-Ruibal），西班牙国家研究委员会文化遗产科学研究所高级研究员。

保罗·格雷夫斯－布朗（Paul Graves-Brown,），英国约克大学考古系副研究员。

大卫·H.海德（David H. Hyde），美国远西人类学研究小组学术带头人、历史考古学家。

苏珊娜·克什勒（Susanne Küchler），英国伦敦大学学院人类学与物质文化学教授。

安纳莉丝·莫里斯（Annelise Morris），在美国圣伊纳爵大学预科学校教授社会科学课程。

保罗·R.穆林斯（Paul R. Mullins），美国印第安纳大学与普渡大学印第安纳波利斯联合分校人类学教授。

蒂莫西·斯佳丽（Timothy J. Scarlett），美国密西根理工大学考古学与人类学副教授。

阿丽莎·斯科特（Alyssa Scott），美国加州大学伯克利分校博士候选人。

史蒂芬·沃尔顿（Steven A. Walton），美国密西根理工大学历史学副教授。

劳里·A.威尔基（Laurie A. Wilkie），美国加州大学伯克利分校人类学教授。

克里斯托弗·威特莫尔（Christopher Witmore），美国得克萨斯理工大学，考古与古典学教授。